儿童数学与认知训练手册

[加] 戴斯（J.P.Das） 蔡丹◎著

清华大学出版社

北京

图书在版编目（CIP）数据

儿童数学与认知训练手册 /（加）戴斯（J. P. Das），
蔡丹著. —北京：清华大学出版社，2017.9（2025.12重印）

ISBN 978-7-302-46432-7

Ⅰ.①儿…　Ⅱ.①戴…②蔡…　Ⅲ.①数学—儿童教

育—研究　Ⅳ.①O1-4

中国版本图书馆 CIP 数据核字（2017）第 024679 号

责任编辑：周　华
封面设计：李伯骥
责任校对：王荣静
责任印制：杨　艳

出版发行：清华大学出版社
　　　　　网　　址：https://www.tup.com.cn，https://www.wqxuetang.com
　　　　　地　　址：北京清华大学学研大厦 A 座　　邮　　编：100084
　　　　　社总机：010-83470000　　　　　　邮　　购：010-62786544
　　　　　投稿与读者服务：010-62776969，c-service@tup.tsinghua.edu.cn
　　　　　质量反馈：010-62772015，zhiliang@tup.tsinghua.edu.cn
印装者：涿州汇美亿浓印刷有限公司
经　销：全国新华书店
开　本：170mm×230mm　　　印　张：22　　　字　数：228 千字
版　次：2017 年 9 月第 1 版　　印　次：2025 年 12 月第 3 次印刷
定　价：118.00 元（全两册）

产品编号：067199-02

Math Modules is the latest cognitive training programme in line with two previous programmes, PREP (PASS Reading Programme) and COGENT (Cognition Enhancement Training). The COGENT particularly prepared the cognitive foundations for children entering school; its focus was to promote literacy. That included attention to language and comprehension. Professor Deng Ciping at East China Normal University in Shanghai had a seminal role in adapting both programmes and using these in China. He was Dr. Cai's supervisor for the doctorate thesis. Indeed, I had visited Shanghai several times and presented my work at seminars attended by many students at ECNU; Dr. Cai was one of them.

So Dr. Cai was thoroughly familiar with the theoretical framework for all three intervention programmes before he arrived at the University of Alberta. This partly explains why he progressed so fast with his research on Math Modules when he spent the year at our Centre. I wish to acknowledge the contribution of two of the professors to Dr. Cai's research at University of Alberta's Das Centre: Dr. George Georgiou for his collaboration , and Dr. Rauno Parrila for providing timely advice when Dr. Cai needed it.

Let me focus on the Math Module in the remainder of the Preface.

Modules for Math targets basic math skills and includes training programs that are expected to improve them. The basic skills are general cognitive processes that lead to the development and learning of mathematics facts such as additions,

I

subtractions, multiplications and divisions.

Our brains are prepared for the development of basic mathematical skills. At the same time, we believe that learning facts in mathematics accelerates the maturation of the brain-based processes, and that, in turn improve further learning of math facts. Number Module (The Mathematical Brain Butterworth,1998) and Number Sense (Dehane,1997), both, are expressed fully by learning of math facts. Math facts and arithmetic operations are cultural tools.

Culture provides the tools for the workings of Number Module and Number Sense. The tools are supplied by formal instructions.

We presume that the connection between brain development and Math instruction is bidirectional — cultural tools augment the formation of specialized brain circuits as well. Interaction between the two is dialectical—thesis, antithesis and synthesis.This is essentially analogous to Vygotsky's (1962) concept of the relation between maturity and learning—learning accelerates maturation, and maturation accelerates learning. (We have discussed this fully in Das & Misra, 2015 book, Chapter 13).

The focus of Math Modules that Dr. Cai Dan has adapted and translated in Chinese is much more on general cognitive processes that build the foundations of children learning to do math, and to a lesser extent on Math facts.

I hope the Preface will help further application of Math Module.

November 24, 2015

J.P.Das

Centre on Developmental and Learning Disabilities

6-123 Education Building

University of Alberta, Edmonton, Canada

序言

（J.P.Das）

▶▶▶

　　《儿童数学与认知训练手册》是继之前两个训练方案后提出的又一个针对数学的训练，之前的两个方案是"基于 PASS 模型的阅读方案"（PREP）以及"认知强化训练方案"（COGENT）。COGENT 主要为即将入学的孩子提升有关语言技能的认知基础能力，关注儿童的语言和理解能力。华东师范大学邓赐平教授领衔主持了这两套方案在中国的应用。邓赐平教授是蔡丹博士的博士学位论文指导教师。事实上，我曾多次访问上海，开展一系列工作坊，当时华东师范大学很多学生都参与了这些研讨，蔡博士就是其中之一。因此，蔡博士在来到阿尔伯塔大学之前，就已经非常熟悉这三套训练方案的理论框架。这也说明了他为什么一来到我们研究中心就如此迅速开展了有关数学训练方案的研究工作。我也要感谢为蔡博士在阿尔伯塔大学 J.P.Das 发展与学习障碍研究中心开展研究提供支持的两位教授：George Georgiou 博士和 Rauno Parrila 博士，Georgiou 博士与蔡博士开展了紧密的合作，Parrila 博士总是在蔡博士需要的时候提供及时的建议。

　　接下来回到这本手册的序言。

　　《儿童数学与认知训练手册》关注数学基础技能，其中包含了大量训练活动，正是为了改善数学的基础能力。这些一般的认知加工能力指引着例如加、减、乘、除等数学知识的学习和发展。我们的大脑为数学技能的学习和发展做好准备，与此同时，我们认为数学知识的学习可以加速基于大脑加工

III

序言

的成熟,这样反过来又可以进一步提高儿童数学知识的学习。数字的模块(《数学大脑》Butterworth,1998)或者数字感(Dehane,1997)都会通过数学知识学习后充分表现出来。数学知识或者算术的运算都是文化交流的工具,这些文化又提供了数字模块和数字感发挥作用的工具,这些工具通过正规的教学后获得。

我们认为,大脑的发展和数学学习的联系是双向的——文化工具论观点主张双向联系形成了特异性的大脑沟回。两者的交互是辩证性的——正、反、合,否定之否定。这就像维果茨基(1962)关于成熟与学习之间关系的观点——学习促进成熟,成熟又促进学习(我们已在 Das 和 Misra 2015 年的《认知计划和执行功能:在教育和管理中的运用》一书第 13 章做了详细介绍)。

蔡丹博士所改编的中文版《儿童数学与认知训练手册》更多地关注学生一般认知加工的训练,这是孩子学习数学的基础,而不是关注数学知识。

祝愿这篇"序言"能让读者更好地理解这套手册。

加拿大埃德蒙顿市

艾尔伯特大学

教育心理系 J.P.Das 发展与学习障碍研究中心

教育学院 6 楼 123 室

J.P.Das

2015 年 11 月 24 日

前言及使用简要说明

▶▶▶

十分高兴这套手册将在国内出版，可以为学生学业的促进和指导提供另一个思路。很多老师和家长都抱怨大量的题海战术效果甚微，反而让孩子承受了较大的学业压力，降低学习兴趣。因为做题只能学会解决某个或某类题目，但无法促进那些在早期可能具有某些较弱发展的基础认知能力。然而，基础性的认知技能，如注意力、编码加工能力、工作记忆能力却是任何学习的基础能力。这套方案就是关注数学学习背后的基础性技能。

这套《儿童数学与认知训练手册》包含老师或者家长使用的"指导手册"，以及学生或孩子使用的"练习手册"两部分。"指导手册"提供了理论基础、训练目的，以及老师或家长对孩子指导的流程，甚至细化到把老师或家长要给孩子说的每一句话都写出来了，老师或家长在简单学习之后，就能很快了解这套手册的操作方法。孩子使用的"练习手册"是对应的练习题，在得到老师或家长的简单说明指导后，孩子可以在"练习手册"上进行答题和操作。训练手册一共有五个单元，每个单元都对应了一种数学基础技能，我们用不同颜色区分各个不同的主题单元。老师和家长记录孩子在答题时所用的时间、错误率和使用策略。我鼓励孩子可以坚持使用这套训练手册，并且可以一轮一轮反复使用这套训练手册中的题目练习。如果每天练习 15~30 分钟，或者每周 2~3 次练习，坚持下来的话我相信孩子会在数学基础技能上得以改善。

这套手册的出版离不开我所在工作单位上海师范大学教育学院心理系的院系领导和同事们的支持、帮助，离不开我在研究生期间得到的华东师范大学邓赐平教授和李其维教授的悉心指导。在我出国访学期间，加拿大阿尔伯特大学 J.P. Das 教授、George K.Georgiou 教授、Rauno Parrila 教授、Ada W.S.Leung 博士给予我大量指导。手册的适用研究和改编离不开许多合作学校的支持，包括上海长宁区法华镇路第三小学、松江区九亭四小、闵行区协和双语学校、浦东新区东昌中学东校、宝山区大场中学、闸北区止园路小学等老师和学生的大力配合。钦佩这些学校具有远见的校长，愿意探索一套全新的促进学生学习的途径。我的研究生团队：文茗、武云露、林琳、周璇、朱美侠、王凤娟、任偲、曾玲伟、姚冰舒等，全心投入手册的初译和数据收集工作，几乎在一年多的时间跑遍上海。清华大学出版社的胡寅子主任和编辑王奕奕为这套手册的出版付出了大量心血。此外，本研究也得到了国家自然科学基金青年项目"数学学习困难学生的认知加工特征与干预训练：行为及 ERPs 研究（31600906）"、上海市浦江人才计划（16PJC070）、上海市教育科学研究项目 (C16011)、国家留学基金委公派访问学者（博士后）基金（201308310187）和教育部人文社会科学研究青年项目（11YJC190001）的资助。在此一并表示感谢！

最后，由于我的水平有限，此训练手册会有很多不足之处，欢迎读者批评指正。

蔡丹

上海师范大学心理系

2015 年 11 月 27 日

基础知识

单元一　数字连线

适用年龄：学龄前儿童或小学低年级学生

主要目的：了解图形大小，空间方位的概念，初步
　　　　　掌握策略以及灵活转换策略的能力

适用年龄：所有年级小学生

主要目的：了解数字大小的概念，掌握策略的运用以
　　　　　及灵活转换策略的能力，训练视觉—空间
　　　　　的能力

单元四　图形、估算和地图

单元五：数字记忆广度

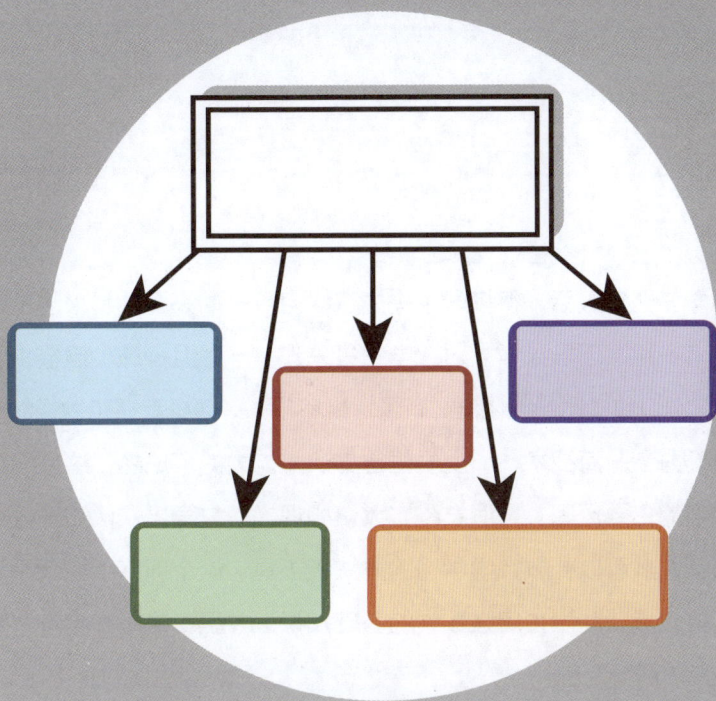

基础知识

　　到了小学三四年级后，很多学生失去了学习数学的兴趣，越来越觉得数学很难。尽管有多种原因导致学生对数学失去兴趣、产生沮丧感，但最主要的原因是，学生在学习数学时感到困难，有题目做不出来，缺少幸福和愉悦的感受。学校教育的无力、题海战术，加上学生自身认知能力的不成熟，这是导致数学学习产生困难的主要原因。好消息是，大量心理学、教育学、认知神经科学研究已经发现有许多可以补救数学学习的方法和工具。这个训练手册就是其中一套补救的工具，来帮助学生增强数学的基础知识。并且，这些补救方法是通过大量实证研究之后编制的。

　　数学与认知训练针对的是基础的数学技能，包含一系列研究证实具有提高数学学习作用的训练题目。当然，这套手册的理论框架并不是唯一有效提升数学学习和认知过程的工具，这套手册只是多种补救和训练课程中的一个。

　　数学在现代社会的重要性毋庸置疑。如果只是因为在儿童小学阶段体验到数学挫败感，因而无法发展数学兴趣或是相应的能力，这对今后都是一件非常遗憾的事。研究发现，小学阶段数学的挫败感，通常导致今后在数学上产生消极情绪，譬如焦虑、害怕、缺乏自信。

　　目前，有些著名的数学学习著作，如《数学大脑》（*The Mathematical Brain*）、《数感》（*Number Sense*）以及很多关于儿童怎样学数学的研究，都主张一个观点，即人类的"智力""能力"以往认为是固定不变的，而现在都转变为是可以改善的。孩子第一次的智力测验或其他标准化能力测验并不代表他真正的潜能。就像苏联著名发展心理学家维果茨基坚持的：数学与认知的训练课程给予孩子大量的机会与他人共同学习，促进儿童的发现能力与创造能力。记住，孩子今天不能做的事，说不定在一定帮助下明天就能做到了（维果茨基，1962）。

　　数学与阅读（语文课）是学生学习最主要的两个方面，两者也有许多相似之处，因此，学生阅读困难和数学困难补救的常用方法也有共同之处。那么如何辨别这两种学习的相同和不同之处呢？那就要区分阅读和数学能力中共同必须具备的一般能力，以及数学与阅读（语文）两者各自的特殊能力。

　　认知与阅读的训练项目，如 PREP & COGENT（可参阅网站 http://www.childlearningprogram.com）已被证明对提高阅读能力有效。现在我们来关注通过数学与认知的训练来提高数学学习。下面，就有关数学学习和阅读这两个研究的主要成果和基本的理论框架做些介绍。

一、PASS 理论

PASS（Planning-Attention-Simultaneous Processing-Successive Processing）理论认为认知过程涉及三个系统：计划能力系统、注意力系统、信息编码和处理加工系统，这三个系统组成了计划、注意、同时性加工和继时性加工四个认知过程。三个功能系统是分层级的，注意力系统是基础，同时性加工和继时性加工系统处于中间层次，计划能力系统为最高层次。三个系统和四个认识过程的协调合作保证了一切智能活动的运行，当然，它对数学学习也有着重要的作用。

认知过程一：计划

　　计划能力是数学学习中必须的部分。在数学问题的解决中，计划负责对如何解题选择策略、做出决策，在解题的过程中对其表现进行调控，提取并运用某些数学事实，评估答案的正确性。

譬如，对数学计算题来说，学生需要按照某种规定的步骤一步步推进，这种步骤性的策略需要计划的参与，同时也涉及选取最佳的策略，以最快的速度完成，这就需要策略的选取与执行。由于数字的计算基本不涉及语言文字，仅以数字符号和运算符号相连接的算式出现，所以尤为凸显对计划的要求。

有些学生计划能力差，会表现在做题目无法厘清头绪，无法把握题目的关键信息，往往凭某种感觉随意答题。但计划能力强的学生，在看完题目后，似乎有种"胸有成竹"之感，可以按照某种最好的策略，一步步将问题解答。在解题过程遇到困难和阻碍时，可以及时发现问题所在，灵活地纠正错误步骤，而不会一直耗费精力"钻牛角尖"。

认知过程二：注意与注意控制

注意过程要求学生选择某一个特定对象，并且在这个对象上保持一段时间的集中和稳定。这个认知过程能使人维持一定的觉醒水平，保持适当的警觉来关注当前相关任务。

譬如在课堂上，如果老师的讲课时间过长，学生可能感到无聊，注意就会转向低唤醒的状态（昏昏欲睡）。但一个热情的老师通过他激情的讲课，语调的变化，丰富的课堂活动，使得整个班级保持适当的兴奋度。这种课堂可以把学生带领到适当的方向，让每个学生都融入课堂学习。注意控制可能使学生在各种情况下，都能维注意力而抵抗分心干扰。

注意控制是一个重要的认知功能，也是执行功能的一个重要组成部分。执行功能非常重要，它是人类有意识地控制自己的思想和行动的心理过程。一切活动都必须有执行功能的参与，而注意控制能力就属于执行功能的一个重要组成部分。Geary 认为，有更好注意控制力的学生能更好地抑制无关干扰信息。

注意是最基础的认知过程，是其他认知活动（比如记忆力、思维能力、想象力、问题解决能力等）的基础。注意控制能力与数学学习之间关系也非常密切，能使学生抑制无关信息，提高在数学课堂上的学习效率。研究发现，数学学习困难的学生注意控制能力明显比数学优秀学生的控制能力差。

例如，注意控制能力差的学生容易受一些细小的无关事件干扰，导致上课时候分心、走神。有些学生可以一整节课玩一块小橡皮，或是教室外有一点点风吹草动（比如一片树叶掉下来），都会对某些学生产生极大的诱惑。也有些学生经常在数学考试中犯粗心的毛病，这些往往都与学生无法抑制干扰，注意控制能力差有关。

认知过程三：同时性加工

同时性加工和继时性加工，这两个认知过程关乎我们怎样加工信息，把信息以群组、单元的方式加工，还是按照序列（A—B—C 的顺序）的方式加工。

同时性加工是在处理信息时，把它们之间的关系形成一个单一的或整合的结构，通过推理、智力或记忆来完成这些整合的工作。

数学问题中的许多技能都依赖于同时性加工，如几何关系的理解、应用题的理解，以及对特殊问题采用问题归类的识别（如"这是一个距离—速度—时间的行程问题"等）。同时性加工帮助把个别数字和运算整合为一个整体过程（如"2+3=？"），这种识别是计算所需要的基本技能。在应用题的解题中，同时性加工表现出至少两方面的重要影响，首先是由于应用题的表述多以文字形式出现，同时性加工处理有利于句子意义的理解，从而让个体形成"题目的文字表述中哪些部分较为重要"的意识，这是应用题解题的基本前提；第二，数学应用题常由不同、并有着一定内在联系的要素或条件组成，而这些要素或条件必须被整合起来才能找到答案，因此一般认为同时性加工对应用题的解题尤为重要。

比如，解答一道题"爸爸的年龄是 10 岁孩子年龄的 4 倍，爸爸多大呢？"这就需要理解爸爸与孩子的关系，谁比谁大，10 岁与 4 倍的关系等。只有把这些信息整合起来，才能给出正确答案。

又如，"圆形中有三角形"与"三角形中有圆形"的区别。

再如，区分"小明在购物前有 10 元"和"小红在购物后剩 10 元"。虽然同样有购物、10 元等信息，但这两个描述是不同的，这就需要有将所有信息整合的能力。

认知过程四：继时性加工

继时性加工是把信息组织成一个特定序列，从而形成一个具有层次和顺序的心理过程。继时性加工的作用在于将一堆外界信息，转换成有规律的特定的序列，主要负责对序列信息的获得、储存和提取。

在数学学习中，当涉及对基本数学事实的存储和提取时，例如，当儿童演算 8+7 = 15 时，儿童要把这一信息当作逐次出现的信息流进行学习，这时继时性加工就发挥着重要的作用。

从发展的角度来看，继时性加工可能在儿童学习算术的早期阶段作用更为显要，因为初学算术时，儿童最常使用的方式是死记硬背或数数，这两种方式都是以继时性加工为基础的。继时性加工与阅读技能相关，与解码技能关系尤为密切。继时性加工与阅读的关联会对数学应用题的解题产生直接的影响。此外，数学问题解决过程中，对执行步骤的保持也涉及继时性加工的参与。

比如，你的一个朋友告诉你电话号码是 64323907。你需要重复这个序列，这就是某种继时性加工。

又如，你的老师告诉你他是 1982 年出生的，然后，他给你几秒看一组 8 位数的数字，如 65198273，问你他的出生年份是否在刚呈现的数字里，你需要回忆脑海中的数列 1982，这就是继时性加工。

二、短时记忆

短时记忆一般是信息在头脑中保持一分钟以内的记忆，如果不加以复述，信息会很快消失。由于短时记忆处理的是正在使用的信息，所以它是信息处理的核心和关键。短时记忆的容量十分有限，一般是七加减两个单元组块（也就是五个单元到九个单元）。组块是指人们最熟悉的单元，如果学生学会将更多的项目组成一个有意义的组块，可以大幅度地提高记忆广度。

可以用下面的小实验来验证这个理论。请你读一遍下面的一行随机数字，然后合上书，按照原来的顺序，尽可能多地默写出来：

21464387250

现在再读一遍下列随机字母，然后用上述相同的方法来测试自己的记忆：

BHJYMROSFXL

假如你的短时记忆像一般人那样，你可能回忆出 7 个数字或字母，至少能回忆出 5 个，最多回忆出 9 个，即 7±2 个。

但是，如果你再读一遍下列随机字母，然后用上述相同的方法来测试自己的记忆：THANKYOUVERYMUCH。

如果你会英文，会把它看作 Thank You Very Much，这就变成了四个组块，虽然字母数远远超过 9 个，但由于组块的作用，变成了有意义的单元。这就很容易记住了。因此，学会把一连串的信息组织成为小的有意义单元，就会提高短时记忆的效率。

三、工作记忆

工作记忆是在短时记忆存储功能的基础上，再加上执行加工的部分。因此，工作记忆包括两个必须同时进行的活动——信息存储和信息加工。譬如，如果心算"32 乘以 21 是多少？"这时需要记忆的存储"32 和 21"这两组数字，同时又需要利用乘法口诀进行加工运算，得到的运算结果还必须记住。因此，这里既涉及存储的过程，也涉及执行加工的过程。

当一位学生在头脑中解决一个数学问题时，既要存储题目内容，又要执行运算加工，这两项活动同时进行其实是非常困难的。因为加工和存储信息都需要占用注意的资源，而注意的资源非常有限。我们之所以能将注意的资源分配从一个过程转换到另一个过程上，这可能是因为你的注意焦点能在存储和加工这两个步骤之间连续快速转换（Barrouillet & Camos，2012）。

工作记忆是数学学习的关键，大量研究支持工作记忆能力可以有效预测数学学习成绩（甚至是所有成绩）。

数学学习是一个复杂的过程，其中包含多个领域，如数量关系、计算、空间能力、问题解决等。掌握这些数学领域需要使用不同的数学技能，如数量感、算术运算知识、数学推理、策略选择、同时性加工分析能力、工作记忆能力等。

数学训练手册主要集中关注五大数学学习的基本技能，即识别大小与数值技能、学习数轴技能、数数技能、言语和非言语的同时性加工技能以及工作记忆技能（图0-1）。针对这五大技能，训练手册设计开发了与之相对应的五大模块，分别是：数字连线任务，数轴任务，数一数任务，图形、估算和地图任务与数字记忆广度任务。在这些训练活动任务中，大致包含两种功能，一种是一般意义上的认知加工训练，另一种是作为"桥梁"作用，连通一般认知加工与数学学习。

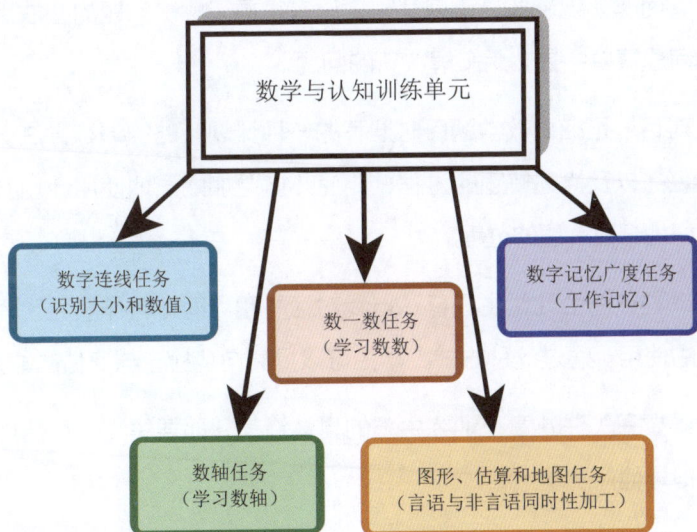

图 0-1　数学能力的组成部分与对应模块

每个单元包含：

▶ 数学技能和对应认知能力的介绍；

▶ 由简单到复杂的训练任务；

▶ 小组活动，这可以与伙伴一起完成（小组训练），也可以自己独立完成（一对一训练）。

值得强调的是，这些活动任务并不只是关注算术或者学业知识的本身——怎样来做加、减、乘、除。这套训练并不提倡让学习负担已经很重的学生再次大量学习具体的技能，做大量数学题来提升数学成绩。训练的目标是构造这些数学技能的认知基础。换句话来说，对所要解决的数学题背后的认知技能进行促进和理解，而非死记硬背。研究表明，只有掌握了解决问题的方法后才可以迁移到新的问题情境中去，用来解决新的问题。

"自我对话"是在做数学题目时推荐的一种计划策略的训练方法。儿童口头言语描述任务以及描述解题的过程，能使儿童更加娴熟地使用计划并执行计划，从而更好地记住解题的过程。

小组活动往往都会让学生进行"自我对话"和"同伴合作学习"，可以有效改善计划的使用。通过这种方式，学生可以提高自我检查与评估的能力。

指导者不要只关注儿童在训练中犯的具体错误，而要关注儿童使用和说出来的策略，指导他们发现策略。

给指导者的一些建议：

1. 在你介绍完任务后，让学生用自己的话解释应该怎么做，然后再开始行动；指导者可以经常问这样的问题："谁能和我说说这个问题吗？""能不能告诉我你是怎么做到的""你是怎么做的，会让这些问题更简单地完成？"

2. 在所有的任务中，如果学生对某些任务感到困难就跳过去，不要让孩子觉得沮丧和挫败。只有在一定强度动机和态度的前提下，学习或训练才能取得进步，而厌倦和消极的情绪难以提高成绩。

3. 鼓励学生在完成任务时，口头说出使用策略，让他们了解自己所使用的策略，而不仅仅是听老师和家长所教授的，自己表达清楚可以促进策略的掌握。

4. 老师（或家长）尽量不要提供协助或者指导解决问题的建议，让学生通过自身实践掌握策略。

5. 同伴互动与合作学习很重要。如有可能，不要放弃训练中的小组活动。

6.《儿童数学与认知训练手册》是一个补偿训练，并不能代替学校课堂学习。

小贴士

老师！请不要试图做学生的救星！

老师的主要目标是让学生发展出属于他们自己的策略。不要想着当"救星"，让学生死记硬背你的策略，最好的方法是通过提问，引导学生思考。

试着经常询问学生，你是怎样完成这个任务的？这些任务容易吗？难点在哪里？哪里还没弄明白？你是怎样解决这些问题的？下次面对类似的难题你会怎样？

哪怕学生一开始无法回答，但经常促进学生思考与反思，学生会慢慢形成自己的策略与经验。

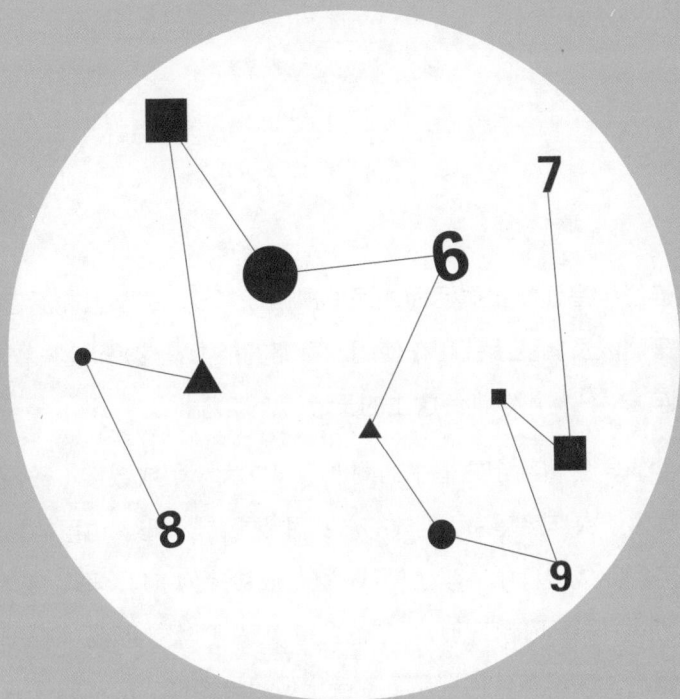

单元一　数字连线

第一部分　图形的连线
第二部分　数字的连线

　　"数字连线"是让学生灵活而快速地根据任务要求连接几个数字，考察学生使用一定策略以及转变手头正在使用的策略的能力，这是计划能力的重要体现。"数字连线"任务可以训练学生的灵活转换能力。

　　该任务要求学生将给定方框中的图形（尺寸大小）或数字（数值大小）按从小到大的顺序依次连接起来。连成的形状可能是"Z"形，也可能是"N"形。在一系列任务的完成过程中，学生们从"Z"形转换到"N"形，或从"N"形转换到"Z"形。任务可能在前几个方框会持续采用"Z"形或"N"形的模式，但在一定数量后，在没有任何提示下，会出现另一个模式形状的任务，学生必须快速切换。训练任务由两部分组成：第一部分的内容是图形，包括大小不同的圆形、正方形、三角形；第二部分的内容是数字，要求学生从小到大连接给定的四个数字，并且进行有效的切换。任务的难度会随着数值的变化而改变，如简单的 1、2、3、4 到复杂的 25、30、35、40 等。

一、任务介绍

图形的连线是为学龄前儿童或小学低年级学生设计的，这里没有数字，只有不同大小的图形。学生要学习图形大小的概念，并且灵活地从小到大连接各个图形。每个项目都有一个方框，里面包含有 4 个小图形。4 个小图形内置在正方形的 4 个角落。学生必须按从小到大的顺序依次连接里面 4 个图形。学生可以用笔画出来，也可以口头说出来这是"Z"形还是"N"形连线。

示范和例题的目的除了让学生弄清楚任务要求，更重要的是让学生通过自己的思考过程发现模式的规律。通过示范和例题，老师（或家长）可以了解学生对图形从小到大顺序的理解，以及学生对大小顺序的内化水平（例如，从最小到最大的图形）。如果有学生无法完成任何一个示范项目，指导者可以用提问的方式来指导学生得出正确的答案，同时，还可以适当多做一些例题。

材料：

▶ 指导手册（第 016~022 页）：指导者用。

▶ 练习手册（第 002~004 页）：学生用。

▶ 笔 2 支：指导者和学生各一支。

▶ 秒表：指导者用。

▶ 记录纸：指导者用。

内容：

▶ 示范

▶ 例题 1–4

▶ 任务 1–2

指导者记录：

▶ 完成任务的时间（秒）

▶ 错误的个数

▶ 指导者观察到的策略

▶ 学生自己说的策略

二、任务实施

1. 示范

指导者所说所做：

"看这儿（指着示范 1，练习手册第 002 页第一行第一个），我将按照从小到大的顺序依次从最小的图形开始画线，一直连到最大的图形，来看我怎么画。我从这儿开始画线，从最小的图形依次连线到最大的图形（见本书第 019 页）。我要继续按相同的方法来连线（指向示范 2），我从这儿最小的一个圆形开始画线，最后到最大的圆形（从最小的图形依次连线到最大的图形）。"

"现在你来做这个（指向示范 3）。从这儿开始（指着最小的图形）画到这儿（指着稍大的图形，如果有需要，指正学生的错误连线），现在从这儿画到这儿（指向更大一点的图形，如果有需要，指正学生的错误连线），再从这儿画到这儿（指着最大的图形）。"

"现在做这个（指向示范 4）。你会怎样从最小的图形连线到最大的图形呢？画给我看。（给学生一些思考的时间）好的！"

【完成"示范 1"】

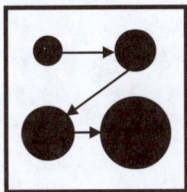

图形的连线示范

2. 例题

"好的，让我们来看下一行（指向'例题 1'，让学生们按从左到右的顺序开始看），从这儿最小的方形开始（指向第一个方框），从这儿开始画线（指向最小的图形），再到第二个（指向下一个较大的图形），再到第三个（指向下一个较大的图形），最后到这儿（指向最大的图形）。让我们把所有的方框都画完吧（从左到右的顺序）准备好了吗？（提供一个简单的描述，如果学生有需要再做详细解释）开始！"

【完成"例题 1"】

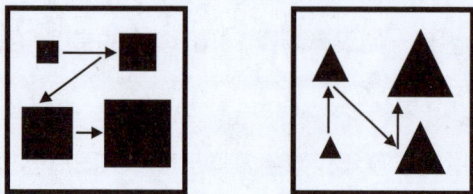

例题部分答案

如果连线是正确，指导者说："好的，我们再做一个。"

【完成"例题 2"】

如果连线是错误的，指导者说："让我们再看看这个方框，最小的图形在哪里呢？（给学生一些时间来思考），好的，我们现在需要用画线的方法来把这些图形按从小到大的顺序连接起来。你认为下一步我们该连哪一个图形？（给学生一些时间来思考）好的！"（如果学生还有需要，接着指导）

【完成"例题 2"】

【如有需要，完成"例题 3""例题 4"】

完成后面两行练一练。

3. 任务

"看看这页（练习手册第 003 页），这儿有许多这样的图形需要做。请你先做这个（指着第一排，让学生从左到右地看），然后做这个（指着第二排，让学生从左到右地看）。一排一排直至做完所有。请你不要跳过任何一个，做得越快越好！记住从最小的图形开始，连到最大的图形，准备好了吗？（提供详细的解释，如果有需要的话）开始！"

【完成"任务1"】

计时，观察策略的运用。

指导者所说所做：

"现在，做这个（指向四排图形，让孩子按从上到下，从左到右的顺序看），我们按刚才的方法做这页，记住做得越快越好！你准备好了吗？（提供详细的解释，如果有需要的话）开始！"

【完成"任务2"】

计时，观察策略的运用。

三、小组活动

以3~5个小伙伴组成小组形式，或以两两配对的方式进行小组活动。每个小组需要一个老师（或者助理），即指导者，指导者要在学生能够完全独立完成任务前，进行全程指导。为了保证学生都能理解，指导者在介绍活动的时候需亲自演示这些活动。

指导者所说所做：

"我会在这间教室里寻找 4 个同类但大小不一的物品。看，我找到了 4 块大小不同的橡皮，我将把它们放在一张白纸的 4 个角落，接下来，我会用这条线把它们从小到大依次连接起来。看，我自己已经连接好了！现在，你们小组的每一个成员都要在你们自己的课桌上寻找 4 个同类物品，它们必须是不同大小的。（给时间让学生寻找物品）现在，轮流看其他同学放好的图式框，用线把它们按从小到大的顺序连接起来。"

一、任务介绍

数字的连线适合所有年级小学生完成，不同年龄的学生适合数字的不同难度等级。每个项目都有一个方框，方框的四个角落包含有 4 个数值大小不同，但都是有一定规律的数字（如 2、4、6、8）。学生必须按数值从小到大的顺序依次连接里面 4 个数字。学生可以用笔画出来，也可以让他说出来这是"Z"形还是"N"形。

示范和例题的目的是让学生通过自己的思考过程来发现数字的规律。指导者不应该提示给予的数字规则（例如，每个数字相差 2），这可以让指导者评估出学生数字概念的发展水平。如果有学生无法完成任何一个示范项目，指导者可以用提问的方式来指导学生得出正确的答案，同时，可以适当多做一些例题。

材料：

▶ 指导手册（第 023~029 页）：指导者用。

▶ 练习手册（第 005~012 页）：学生用。

▶ 笔 2 支：指导者和学生各一支。

▶ 秒表：指导者用。

▶ 记录纸：指导者用。

内容：

▶ 示范 1

▶ 例题 1

▶ 任务 1-3

▶ 示范 2

▶ 例题 2

▶ 任务 4-6

指导者记录：

▶ 完成任务的时间（秒）

▶ 错误的个数

▶ 指导者观察到的策略

▶ 学生自己说的策略

二、任务实施

（一）难度等级 1

1. 示范

指导者所说所做：

"看这儿（指着示范 1-1，练习手册第 005 页第一行第一个），这个方框中有 4 个数字，1、2、3、4。现在我将把这些数字按从小到大的顺序连起来。我从这儿开始画线（1），再到这儿（2），然后这儿（3），最后是这儿（4）（画一条线，逐个连接 1、2、3、4）。

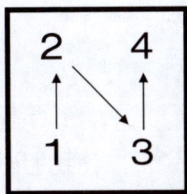

数字的连线示范

我要按相同的方法来连线第二个（指向示范 1-2），我从这儿（指着 0）开始画线，再到 1，然后到 2，最后是到 3（从最小的数字依次连线到最大的数字）。"

"现在你来做这个（指向示范 1-3）。从这儿开始（指着最小的数字 7）画线，画到这儿（指着 8）（如果有需要，指正学生的错误连线）。"

【完成"示范 1-3"】

2. 例题

"好的，让我们来看下一行（指向'例题 1'，让学生们按从左到右的顺序开始看）。从这儿开始（指向第一个方框），从这儿开始画线（指向数字 6），再到这儿（指向数字 7），再到这儿（指向数字 8），最后到这儿（指向数字 9）。从最小的数字连到最大的数字。让我们把所有的方框都画完吧（从左到右的顺序）准备好了吗？（提供一个简单的描述，如果学生有需要再做详细解释）开始！"

【完成"例题 1-1"】

如果连线是正确的，指导者说："好的，我们再做一个。"

【完成"例题 1-2""例题 1-3"】

如果连线是错误的，指导者说："让我们再看看这个方框，最小的数字在哪里呢？（给学生一些时间来思考），好的，我们现在需要用画线的方法来把这些数字按从小到大的顺序连接起来。你认为下一步我们该连哪一个数字？（给学生一些时间来思考）好的！"（如果学生还有需要，接着指导）

【完成"例题 1"】

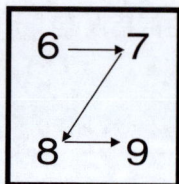

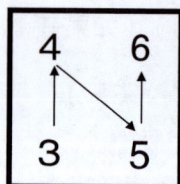

例题部分答案

3. 任务

"看看这页（练习手册第 006 页），这儿有许多这样的数字需要来连接。请你先做这个（指着第一排，让学生按从左到右的顺序看），然后做这个（指着第二排，让学生按从左到右的顺序看）。一排一排直至做完所有。请你不要跳过任何一个，做得越快越好！记住从最小的数字开始，连到最大的数字，准备好了吗？（提供详细的解释，如果有需要的话）开始！"

【完成"任务 1"】

计时，观察策略的运用。

指导者所说所做：

"现在，做这个（指向 4 排任务，让学生按从上到下、从左到右的顺序看）。我们按刚才的方法做这页，记住做得越快越好！你准备好了吗？（提供详细的解释，如果有需要的话）开始！"

【完成"任务 2"】

计时，观察策略的运用。

指导者所说所做：

"跟之前一样，我们再做一页。"

【完成"任务 3"】

计时，观察策略的运用。

（二）难度等级 2

1. 示范

指导者所说所做：

"看这儿（指着示范 2，练习手册第 009 页第一行第一个），跟之前一样，我们将把这些数字按从小到大的顺序连起来。但是，这里每一行会有一些方框里缺少一个数字。比如这个方框（指向示范 2，第四个框）。如果遇到缺少数字的方框，我们先要在画'？'的地方把适当的数字填写进去，然后再开始画线。我先来做个示范"（指导者连接第一、二、三个方框，停在第四个方框），这个方框，数字 10、20、30，那缺少的数字是多少？对了，40。先填入（在画'？'处填上 40），然后再用笔连线。"

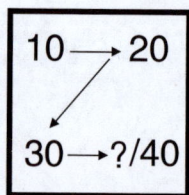

$$10 \longrightarrow 20$$
$$30 \longrightarrow ?/40$$

2. 例题

"好的，让我们来看下一行（指向'例题 2'，让学生们按从左到右的顺序开始看）。请你试着按照我刚才的方法做做看。准备好了吗？（提供一个简单的描述，如果学生有需要再做详细解释）开始！"

【完成"例题 2"】

3. 任务

"看看这页（练习手册第 010 页），我们按照之前的方式将数字从小到大连线，遇到有数字不全的方框，记得先把数字填写进去，再进行连线。请你一排一排做直至做完所有，不要跳过任何一个，做得越快越好！记住从最小的数字开始，连到最大的数字。准备好了吗？（提供详细的解释，如果有需要的话）开始！"

【完成"任务4-6"】

计时，观察策略的运用。

三、小组活动

以3~5个小伙伴组成小组，或按两两配对的方式进行小组活动。每个小组需要一个老师（或者助理），指导者要在学生能够完全独立完成任务前，进行全程指导。为了保证学生都能理解，指导者在介绍活动的时候需亲自演示这些活动。

材料：

▶ 指导手册（第029~033页）

▶ 练习手册（第013~015页）。事先剪开这些数字，做成数字卡片；或者指导者自己在小纸片上写下数字1~10。

▶ 笔2支：指导者和学生各一支。

▶ 秒表：指导者用。

1. 数字卡片活动

学生将用数字卡片来做他的数字模式。一位学生将在一张白纸（自备）的

3个角落放上3张数字卡片，另一位学生要在第四个角落放上适当的数字卡，来完成这个数字模式。这一任务适合小学低年级或学龄前儿童。

例如，如果2个人合作搭档，第一位学生可能在数字堆里选取2、4、6放在3个角落。第二位学生选取最后一个数字"8"来完成数字模式，然后说出从小到大连线的形状是"Z"形还是"N"形。

小贴士

可以增大数字（如使用1~100）来提高难度。

2. 制作自己的数字的连线表

这个活动需要让学生自己按一定要求制作数字的连线表，并且让另一个学生完成画线。这一任务适合小学高年级的学生。

"请参看数字的连线任务1和任务2（练习手册第006~007页）。请你根据原来的数字，创造出新的数字连线，并把相应的数字填入空白的方框中（练习手册第013~014页）。具体要求是，原来是'Z'形图形的，请你改变成'N'形；原来是'N'形图形的，要改变成'Z'形。"

指导者可以示范1~2个方框。

例如，原来练习手册第006页的数字是5、6、7、8。连线的结果是"Z"形。

```
┌─────────────┐
│  5       6  │
│             │
│  7       8  │
└─────────────┘
```

改变成"N"形之后，正确的如下图，将这四个数字填在练习手册第 013 页第一行第一个空白框中。

```
┌─────────────┐
│  6       8  │
│             │
│  5       7  │
└─────────────┘
```

全部改写完之后，把你的任务交给同伴，让同伴完成数字从小到大的连线，并检查你的改写是否都是正确的。

说明：

（1）可以记录几次训练。

学生完成任务所需时间减少，代表学生取得了进步。

（2）观察所用的策略。

在学生完成任务过程中，指导者观察学生所运用的策略（如学生如何扫描4个大小不同的数字，在"Z"形和"N"形的切换过程中有没有出错等信息）。

（3）学生报告的策略。

学生完成了任务后，指着这些任务说，告诉我你是怎么做的（指着学生完成的那一页）。你怎么知道需要连哪个数字？（提供简单的解释，如果必要的话，不要举例子）把学生所说的话记录在策略评估表的报告策略栏中。

数字连线记录表

第一部分：图形切换						
	日期	完成时间（秒）	日期	完成时间（秒）	日期	完成时间（秒）
任务 1						
任务 2						
观察所用的策略						
学生报告的策略						

第二部分：数字切换						
	日期	完成时间（秒）	日期	完成时间（秒）	日期	完成时间（秒）
任务 1						
任务 2						
任务 3						
任务 4						
任务 5						
任务 6						
观察所用的策略						
学生报告的策略						

单元二　学习数轴

第一部分　动物图形的数轴任务

第二部分　数字的数轴任务

数轴（或数字线）是一个基本的数学概念。在数学中，可以用一条直线上的点表示数，而这条直线称为数轴。个体借助于"数"和"形"之间的相互转化来理解相应的数学问题，而数轴就是一个非常方便使用的工具。学习数轴任务的目的是向学生介绍数学的概念，通过图片来学习数轴，学生会同时看到 2 个动物（或数字），学生需要说出相对于第一个动物（或数字），第二个动物（或数字）是大还是小。

"学习数轴"是一个与认知计划、执行功能和注意控制能力有关的训练，目的是让学生掌握数量大小的概念，并且通过这一单元的训练来提高注意控制能力、计划、执行功能。

"学习数轴"任务包括两部分：一部分是向学生展示动物图片数轴，要求学生判断动物的实际大小；另一部分是向学生展示数字数轴，让学生判断两个数字哪个数值更大。

在任务中，学生会看到成对的动物（或数字），动物 / 数字的大小不一，每个动物 / 数字大小会变换印刷的大小尺寸。首先，学生需要判断相对于第一个动物 / 数字，第二个动物 / 数字是大动物（或大数值）还是小动物（或小数值）。动物和数字都包含三种不同的难度级别，即中立、一致、不一致。在中立情况中，图片中的大小动物（或数字）都保持同样的印刷尺寸，让学生判断实际动物 / 数值大小（如 21、32）；其次，在一致的情况中，动物 / 数值的实际大小和印刷尺寸大小是一致的，实际动物 / 数值更大，其印刷尺寸也会相应更大（如

32、21）；最后，在不一致的状况中，动物／数值的实际大小和印刷尺寸大小是不一致的，实际动物／数值更小的其印刷尺寸会显得更大（如21、32）。

在不一致的情况下，学生必须忽略动物（或者数字）印刷的大小，而关注动物本身（或数字数值本身）的大小，报告"大"或"小"，这是注意的控制能力以及抑制功能。通过抑制无关信息（印刷的大小），而把注意焦点放在需要的信息上。

一、任务介绍

动物图形的数轴任务是为学龄前儿童或小学低年级学生设计的,在任务中,学生会看到一对对动物图片。每对都是大小不同的动物(指动物的实际大小,如河马、斑马),动物的印刷大小会变换尺寸。首先,学生需要判断每一对动物图片中,相对于第一张图片,第二张图片中的动物是大动物还是小动物(动物的实际大小)。任务包含三种不同的难度级别,即中立、一致和不一致。在中立情况中,图片中的大小动物都保持同样的印刷尺寸,让学生判断实际动物的大小;其次,在一致的情况中,动物的实际大小和印刷尺寸大小是一致的,实际动物更大,其印刷尺寸也会相应更大;最后,在不一致的状况中,动物的实际大小和印刷尺寸大小是不一致的,实际动物更小的其印刷尺寸会显得更大。

示范和例题的目的除了让学生弄清楚任务要求,更重要的是让学生通过自己的思考过程发现答案。通过示范和例题,老师(或家长)可以了解学生对数轴大小的理解程度。如果有学生无法完成任何一个示范项目,指导者可以用提问的方式来指导学生得出正确的答案,同时,还可以适当多做一些例题。

材料:

▶ 指导手册(第038~044页):指导者用。

▶ 练习手册(第018~032页):学生用。

▶ 笔2支:指导者和学生各一支。

▶ 秒表:指导者用。

▶ 记录纸：指导者用。

内容：

▶ 中立任务示范 1-2

▶ 中立任务 1-4

▶ 一致任务示范 3-4

▶ 一致任务 5-8

▶ 不一致任务示范 5-6

▶ 不一致任务 9-12

指导者记录：

▶ 完成任务的时间（秒）

▶ 错误的个数

二、任务实施

（一）中立任务

1. 示范

指导者所说所做：

"看这儿（指向练习手册第 018 页），这儿有 2 组图片，在每一组中，有 2 张图片。一个动物比另一个动物大。如果第二张的图片中的动物比第一张中的动物大，你就大声说出'大'；如果第二张图片中的动物比第一张的动物小，大声说出'小'。让我举个例子看看。（指向示范 1-1）'大'？正确，因为老鼠比虫子大。让我们做下一个（指向示范 1-2）。"

"很好！应该说'小'，因为虫子比老鼠小。让我们再来看看河马和野马。这一个（指向学生示范 2-1）应该说'小'，因为野马比河马小。那么这个呢？（指向示范 2-2）。"

"很好！应该说'大'。明白了吗？如果明白了我们继续。"

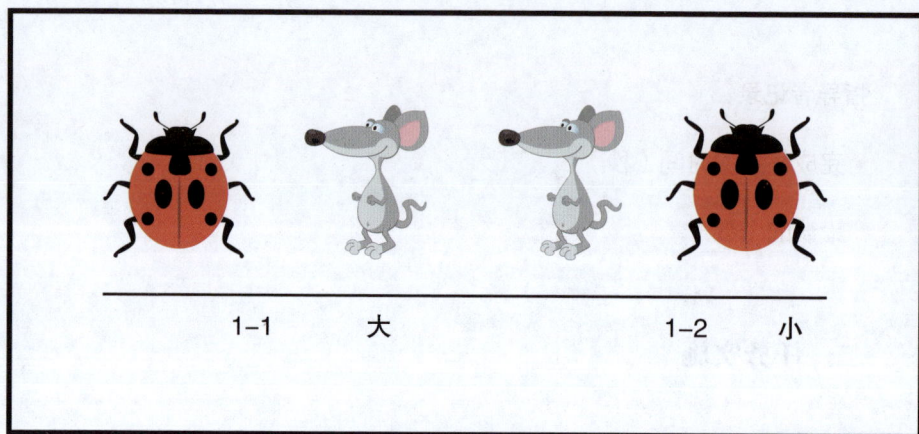

| 1-1 | 大 | 1-2 | 小 |

动物的数轴中立任务

2. 任务

指导者所说所做：

"这一页有更多动物的图片（翻到练习手册第019页）。让我们像刚才那样完成。请你要尽快告诉我'大'或'小'。准备好了吗？开始！"

【完成任务1】

（记录学生完成任务所需要的时间和错误个数，记录到指导手册第056页）

"这一页还有，同样的，请你尽快告诉我'大'或'小'。开始！"

【分别完成任务2、3、4】

（记录学生完成任务所需要的时间和错误个数，记录到指导手册第056页）

（二）一致任务

1. 示范

指导者所说所做：

"现在看这儿（指向练习手册第023页，示范3-1），第二张图片（老鼠）和第一张图片（虫子）比是大还是小？'大'？对的。让我们做下一个（指向示范3-2），看看第二张图片这个动物和第一张图片的动物比是大还是小？对了！是'小'。"

"让我们再来看看河马和野马。这一个（指向学生示范 4-1）应该说'大'。那么这个呢？（指向示范 4-2）。"

"很好！应该说'小'。明白了吗？如果明白了我们继续。"

动物的数轴一致任务

2. 任务

"这一页有更多动物的图片（翻到练习手册第 024 页）。让我们像刚才那样完成。请你要尽快告诉我'大'或'小'。准备好了吗？开始！"

【完成一致任务 5】

（记录学生完成任务所需的时间和错误个数，记录到指导手册第 056 页）

"这一页还有，同样的，请你尽快告诉我'大'或'小'。开始！"

【分别完成一致任务 6、7、8】

（记录学生完成任务所需要时间和错误个数，记录到指导手册第 056 页）

（三）不一致任务

1. 示范

指导者所说所做：

"现在看这儿（指向练习手册第 028 页，示范 5-1），第二张图片（老鼠）和第一张图片（虫子）比，动物是大还是小？'大'？对的。虽然老鼠画得比较小，但老鼠比虫子要大。让我们做下一个（指向示范 5-2），看看第二张图片这个动物和第一张图片的动物比是大还是小？对了！是'小'。"

"让我们再来看看河马和野马。这一个（指向示范 6-1），应该说'大'。那么这个呢？（指向示范 6-2）。"

"很好！应该说'小'。明白了吗？我们不管画得大还是小，如果第二张图片的动物比第一张图片的动物大，我们就说'大'；如果第二张图片的动物比第一张小，我们就说'小'。如果明白了我们继续。"

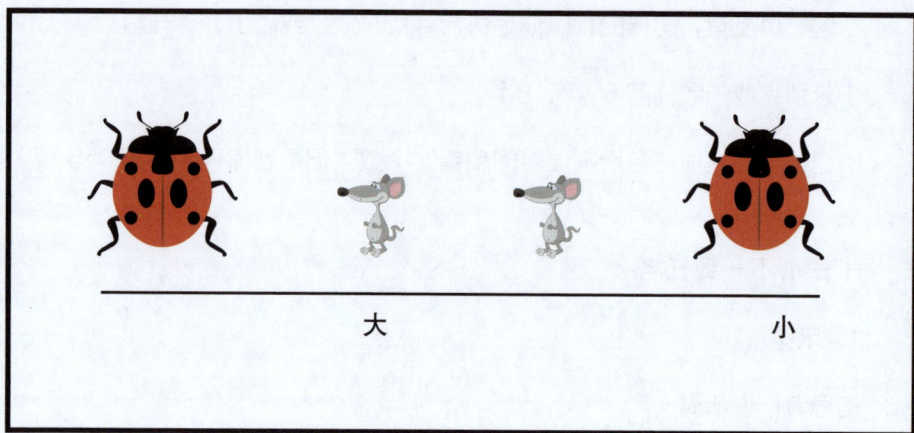

动物的数轴不一致任务

2. 任务

"这一页有更多动物的图片（翻到练习手册第 029 页）。让我们像刚才那样完成。请你要尽快告诉我'大'或'小'。准备好了吗？开始！"

【完成不一致任务 9】

（记录学生完成任务所需要的时间和错误个数，记录到指导手册第 057 页）

"这一页还有，同样的，请你尽快告诉我'大'或'小'。开始！"

【分别完成不一致任务 10、11、12】

（记录学生完成任务所需要时间和错误个数，记录到指导手册第 057 页）

三、小组活动

以 3~5 个小伙伴组成小组，或两两配对的方式进行小组活动。每个小组需要一个老师（或者助理），指导者要在学生能够完全独立完成任务前，进行全程指导。为了保证学生都能理解，指导者在介绍活动的时候需亲自演示这些活动。

材料：

▶ 指导手册（第 045 页）。

▶ 练习手册（第 033 页）。

▶ 从杂志、报纸中剪下任意五个动物，或者事先画五个动物。

"现在，请你们用自己找到或者画出来的动物进行排队。首先，你可以自己画动物，或者从杂志上把动物给剪下来。我希望你选择 5 个动物放在你的动物线上。记住，动物要依据它们实际的大小，按照从小到大的顺序排列，不管这些动物画得大小。如果你完成了动物排队，希望你把作品和小伙伴交换，然后相互检查排队是否正确。"

一、任务介绍

数字的数轴任务是为幼儿园大班起至所有年级小学生，或者完成了图形的数轴任务的学龄前儿童设计的。数字的数轴任务目的是提升学生的数字概念，加深对数轴的认识。这个任务要求学生同时看 2 个数字，判断第二个数字相对于第一个数字在数值上是大还是小，而忽略数字印刷的大小。

任务包含四组不同的难度级别，即中立、一致、不一致、相反。首先，在中立情况中，两组数字都保持同样的印刷尺寸，让学生判断右边的数值比左边的大还是小；其次，在一致的情况中，数值的实际大小和印刷尺寸大小是一致的，实际数值更大，其印刷尺寸也会相应更大；再次，在不一致的状况中，数值的实际大小和印刷尺寸大小是不一致的，实际数值更小的其印刷尺寸会显得更大，让学生判断右边的数值更大还是更小，而忽略印刷的尺寸；最后，在相反的情况中，虽然两组数字的印刷尺寸一样（同中立情况），但需要让学生作相反报告，如果右边的数值比左边大，则需报告"小"。如果右边的数值比左边小，则需报告"大"。在不一致和相反的任务训练中，提高学生注意控制和抑制能力。

如果上述四个难度级别完成后，指导者也可以让学生比较左边的数字比右边的大还是小。并且通过不断切换，训练学生"计划切换"能力。

示范和例题的目的除了让学生弄清楚任务要求，更重要的是让学生通过自己的思考过程发现答案。通过示范和例题，老师（或家长）可以了解学生对数轴大小的理解程度。如果有学生无法完成任何一个示范项目，指导者可以用提问的方式来指导学生得出正确的答案，同时，还可以适当多做一些例题。

材料：

▶ 指导手册（第 047~054 页）：指导者用。

▶ 练习手册（第 034~048 页）：学生用。

▶ 笔 2 支：指导者和学生各一支。

▶ 秒表：指导者用。

▶ 记录纸：指导者用。

内容：

▶ 中立任务示范 1-2

▶ 中立任务 1-4

▶ 一致任务示范 3-4

▶ 一致任务 5-8

▶ 不一致任务示范 5-6

▶ 不一致任务 9-12

▶ 相反任务示范（材料同中立任务）1-2

▶ 相反任务（材料同中立任务）1-4

学习数轴

指导者记录：

▶ 完成任务的时间（秒）

▶ 错误的个数

二、任务实施

（一）中立任务

1. 示范

指导者所说所做：

"看这儿（指向练习手册第 034 页，示范），这儿有 2 组数字。每一组中有 2 个数字，一个数字的数值比另一个数字的数值大。如果第二个（右边）数字的数值比第一个大，你就大声说出'大'；如果第二个数字的数值比第一个小，大声说出'小'。让我举个例子看看。（指向示范 1-1）'大'？正确，因为 32 比 21 大。让我们做下一个。（指向示范 1-2）"

"很好！应该说'小'，因为 21 比 32 小。让我们再来看看下一组数字。这一个（指向示范 2-1）应该说'小'，因为 61 比 72 小。那么这个呢？（指向示范 2-2）。"

"很好！应该说'大'。明白了吗？如果明白了我们继续。"

```
21  32        32  21
────────────────────────
   大              小
```

数字的数轴中立任务

2. 任务

指导者所说所做：

"这一页有更多数字（翻到练习手册第 035 页）。让我们做一样的事吧。这次，请你要尽快告诉我'大'或'小'。准备好了吗？开始！"

【完成任务 1】

（记录学生完成任务所需要的时间和错误个数，记录到指导手册第 058 页）

"这一页还有，同样的，请你尽快告诉我'大'或'小'。开始！"

【分别完成任务 2、3、4】

（记录学生完成任务所需要的时间和错误个数，记录到指导手册第 058 页）

（二）一致任务

1. 示范

指导者所说所做：

"现在看这儿（指向练习手册第 039 页，示范 3-1），现在两个数字印刷的大小不一样。第二个数字的数值（21）和第一个数字的数值（32）比是大还是小？'小'？对的。让我们做下一个（指向示范 3-2），看看第二个数字和第一个数字比是大还是小？对了！是'大'。"

"让我们再来看看下一组。这一个（指向示范 4-1）应该说什么？对了'大'。那么这个呢？（指向示范 4-2）。"

"很好！应该说'小'。明白了吗？如果明白了我们继续。"

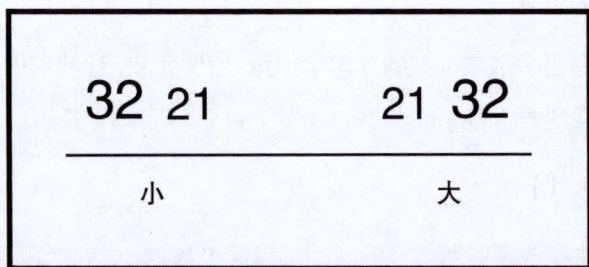

32 21	21 32
小	大

数字的数轴一致任务

2. 任务

"这一页有更多数字（翻到练习手册第 040 页）。让我们像刚才那样完成。请你要尽快告诉我'大'或'小'。准备好了吗？开始！"

【完成任务 5】

（记录学生完成任务所需要的时间和错误个数，记录到指导手册第 058 页）

"这一页还有，同样的，请你尽快告诉我'大'还是'小'。开始！"

【分别完成任务 6、7、8】

（记录学生完成任务所需要的时间和错误个数，记录到指导手册第 058 页）

（三）不一致任务

1. 示范

指导者所说所做：

"现在看这儿（指向练习手册第 044 页，示范 5-1），第二个数字和第一个数字比，数值是大还是小？'大'？对的。虽然 32 印刷得比较小，但 32 比 21 要大。我们不要管印刷大小，只要比较数值的大小就可以。让我们做下一个（指向示范 5-2），看看第二个数字的数值和第一个比是大还是小？对了！是'小'。

"让我们再来看看下一组。这一个（指向示范 6-1），应该说'小'。那么这个呢？（指向示范 6-2）

"很好！应该说'大'。明白了吗？我们不管字体印刷得大还是小，如果第二个数字比第一个数字的数值大，我们就说'大'，如果第二个数字比第一个数字的数值小，我们就说'小'。

"如果明白了我们继续。"

```
┌─────────────────────────────────────────┐
│                                          │
│   21  32              32  21             │
│   ──────────────────────────────────     │
│        大              小                 │
│                                          │
└─────────────────────────────────────────┘
```

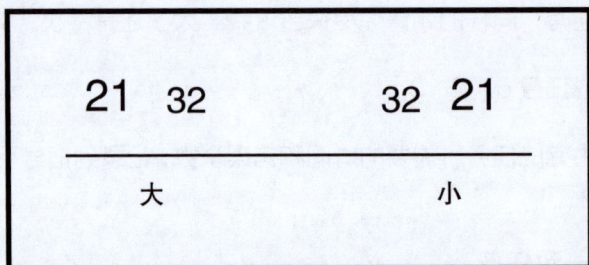

数字的数轴不一致任务

2. 任务

"这一页有更多数字（翻到练习手册第 045 页）。让我们像刚才那样完成。请你要尽快告诉我'大'或'小'。准备好了吗？开始！"

【完成任务 9 】

（记录学生完成任务所需要的时间和错误个数，记录到指导手册第 059 页）

"这一页还有，同样的，请你尽快告诉我'大'或'小'。开始！"

【分别完成任务 10、11、12 】

（记录学生完成任务所需要的时间和错误个数，记录到指导手册第 059 页）

（四）相反任务

任务材料同数字中立任务（练习手册第 035~038 页）。

1. 示范

指导者所说所做：

"现在看这儿（指向练习手册第 034 页，示范 1-1），第二个数字和第一个数字比，数值更大，但这时你要报告'小'。虽然 32 比 21 要大，但我们要作相反的报告。让我们做下一个试试（指向示范 1-2），第二个数字 21 比第一个数字 32 小，这时我们报告什么？对了！大声报告'大'。

"让我们再来看看下一组。这一个（指向示范 2-1），应该说'大'。那么这个呢？（指向示范 2-2）。

"很好！应该说'小'。明白了吗？如果数值更大，我们报告'小'；如果数值更小，我们报告'大'。

"如果明白了我们继续。"

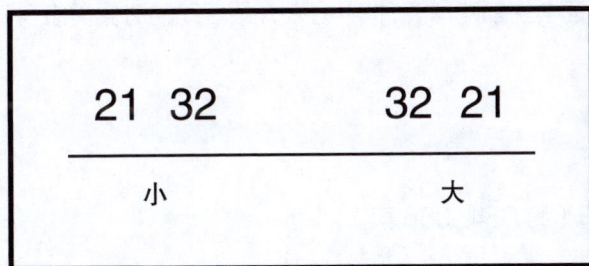

21 32	**32 21**
小	大

数字的数轴相反任务

2. 任务

"这一页有更多数字（翻到练习手册第035页）。让我们像刚才那样完成。请你要尽快告诉我'大'或'小'。准备好了吗？开始！"

【完成任务 1】

（记录学生完成任务所需要的时间和错误个数，记录到指导手册第060页）

"这一页还有，同样的，请你尽快告诉我'大'或'小'。开始！"

【分别完成任务 2、3、4】

（记录学生完成任务所需要的时间和错误个数，记录到指导手册第060页）

三 小组活动

以 3~5 个小伙伴组成小组，或两两配对的方式进行小组活动。每个小组需要一个老师（或者助理），指导者要在学生能够完全独立完成任务前，进行全程指导。为了保证学生都能理解，指导者在介绍活动的时候需亲自演示这些活动。

材料：

▶ 指导手册（第 054~055 页）。

▶ 练习手册（第 049 页）。

▶ 从练习手册第 050~054 页中剪下不同大小的 1~100 数字，做成小卡片。

"现在，请你们制作自己的数轴。大家都已经有了自己剪下的数字卡片。请你们翻到 049 页'小组活动'这一页。

"现在，请你们任意挑选 2 个数字，放在第一行的左侧和右侧。再任意挑选 2 个数字，放在第二行的左侧和右侧。同样，在下面几行数轴中，放上几组数字。

"完成后，请你们两两配对，请你同伴一行一行地说出你在设计的数轴中，右边的数字比左边的数字'大'还是'小'。记住，只比较数值的大小，而不管数字印刷的尺寸大小。

"你来检查你的小伙伴是否都说对了。"

（给一些时间，完成小组活动）

"我们再增加一些难度，现在，请你重新放几组数字。

"然后把你设计的数轴展示给你的伙伴看，让你的小伙伴要反过来报告。如果右边的数字比左边数字的数值大，我们报告'小'；如果右边的数字比左边的数字数值小，我们报告'大'。

"你来检查你的小伙伴是否都说对了。"

学习数轴记录表（动物图形 1）

任务 1、2

大	大	大
小	小	小
大	大	小
小	大	小
小	小	小

小	大	小
小	大	大
小	小	大
大	小	小
小	大	小

任务 3、4

小	大	小
小	大	大
小	小	大
大	大	小
小	大	小

大	大	小
小	小	大
大	大	小
大	小	小
大	大	小

任务 5、6

小	大	小
小	大	大
小	小	大
大	小	小
小	大	小

大	大	大
小	小	小
大	大	小
小	大	小
小	小	小

任务 7、8

大	小	小
大	小	小
大	大	小
小	小	大
大	大	大

小	小	小
大	大	小
小	小	大
小	大	大
小	小	大

学习数轴记录表（动物图形 2）

续表

任务 9、10

大	大	大
小	小	小
大	大	小
小	大	小
小	小	小

小	大	小
小	大	大
小	小	大
大	小	小
小	大	小

任务 11、12

小	小	大
大	大	小
小	小	大
小	大	大
小	小	大

大	小	大
大	小	小
大	大	小
小	小	大
大	小	大

任务	时间（秒）	错误（个）
1		
2		
3		
4		
5		
6		

任务	时间（秒）	错误（个）
7		
8		
9		
10		
11		
12		

日期：＿＿＿＿＿＿＿＿

学习数轴记录表（数字 1）

任务 1、2

大	小	小	大
小	小	大	小
大	大	小	小
大	小	大	大
小	大	小	大

大	大	小	大
小	小	大	大
小	大	小	小
大	小	大	小
大	大	大	小

任务 3、4

大	小	小	大
小	大	小	大
大	小	大	小
大	小	大	大
小	小	大	小

小	大	大	小
大	小	大	小
小	大	小	大
大	大	小	大
小	大	小	小

任务 5、6

小	大	大	小
大	小	大	大
小	大	小	大
小	小	大	小
大	小	小	大

大	小	小	大
小	大	小	小
大	小	大	小
大	大	小	大
小	大	大	小

任务 7、8

大	小	小	大
小	大	大	小
大	小	大	小
小	小	小	小
大	小	大	大

小	大	大	小
大	小	大	小
小	大	小	大
大	大	小	大
小	大	小	小

学习数轴记录表（数字2）

续表

任务 9、10 　　　　　　**任务 11、12**

小	大	小	小
大	小	大	小
大	大	小	大
小	大	大	小
大	小	大	小

大	小	大	大
小	大	小	大
小	小	大	小
大	小	小	大
小	大	小	大

小	小	大	大
小	大	小	大
大	小	小	大
小	大	大	小
大	小	大	小

大	大	小	小
大	小	大	小
小	大	大	小
大	小	小	大
小	大	小	大

任务	时间（秒）	错误（个）
1		
2		
3		
4		
5		
6		

任务	时间（秒）	错误（个）
7		
8		
9		
10		
11		
12		

日期：_____

学习数轴

学习数轴记录表（相反任务）

任务1、2					任务3、4			

小	大	大	小
大	大	小	大
小	小	大	大
小	大	小	小
大	小	大	小

小	小	大	小
大	大	小	小
大	小	大	大
小	大	小	大
小	小	小	大

小	大	大	小
大	小	大	小
小	大	小	大
小	大	小	小
大	大	小	大

大	小	小	大
小	大	小	大
大	小	大	小
小	小	大	小
大	小	大	大

任务	时间（秒）	错误（个）
1		
2		
3		
4		

策略记录：

_____

_____

_____

_____

_____

日期：_____

单元三　数一数

第一部分　诺亚方舟
第二部分　数一数动物
第三部分　数一数数字

数数能力的培养有助于帮助学生学习基本的数量概念，提高数字的敏感性，同时这也是学生一项重要的数学认知能力。数数技能的学习和提高，能够帮助学生对数字大、小的判断，通过数数培养出的数感会影响对今后课堂中数学概念的理解和掌握。

任务包括三个部分：一是让学龄前儿童进一步训练数数技能；二是数方框中动物的数量；三是数方框中数字的数量。这一单元会向学生呈现一系列方框，在这些方框中包含 3 个或者 7 个动物图片 / 数字。学生需要判断方框中动物 / 数字的数量是"小"还是"大"，若 3 个动物 / 数字则报告"小"，若 7 个动物 / 数字则报告"大"。

任务有两种不同的难度：一致情况和不一致情况。在动物任务的一致情况中，实际动物大小和数量一致，即大象（大动物）数量为 7 只，要求学生报告"大"；老鼠（小动物）数量为 3 只，要求学生报告"小"。不一致的情况表现为实际动物大小和数量不一致，即大象数量为 3 只，需报告"小"；老鼠数量为 7 只，则需报告"大"。

在数字任务的一致情况中：数字的数值大小和数量一致（如 7777777，或 333），即数字"7"的数量为 7 个，学生需报告"7"；数字"3"的数量为 3 个，则需报告"3"。不一致情况则为数字的数值大小与数量不一致（如 777，或 3333333），即数字"7"的数量为 3 个，学生需报告"3"，数字"3"的数量为 7 个，学生则需报告"7"。

　　"数一数"训练关注学生的数字认知、计划能力、执行功能以及注意抑制控制能力。比如看到 3 个 7，却要报告"3"；看到 7 个 3，却要报告"7"。这就是注意的抑制控制能力。在报告一连串的数字时，学生会发展出快速回答的策略，这就是计划能力的体现，一旦形成策略，所需时间和错误率都会迅速降低。

一、任务介绍

"诺亚方舟"活动适合学龄前儿童。为什么我们要用这个简单的任务？儿童可能认识数字，但并不知道怎样来准确数数。这个任务的目的是让他们获得数数的知识，并练习数数。这个任务并不关心有哪些动物，而是关注动物的数量。任务中只涉及 1~9 的数字。

> 提醒教师和家长一些做数学题的策略：
>
> ▶ 如果学生数完了，带着学生一起再重复数一遍；
>
> ▶ 经常停顿，给学生时间来思考；
>
> ▶ 如果学生遇到难题，提供必要的指导，但不要急于直接给出答案。

诺亚方舟任务

材料：

▶ 指导手册（第 064~067 页）。

▶ 练习手册（第 056~059 页）。

二、任务实施

（一）数字 1~4 的数数

指导者所说所做：

"现在，我们来听一个有趣的故事，然后一起做一些活动。

"很久以前有一个人名字叫诺亚，他造了一艘大船，取名叫方舟。不久之后，一场特大洪水将要袭击整个地球，诺亚想在洪水中救出所有的动物，但是动物太多，每条船只可能带上 9 只动物。诺亚需要造很多条船，他总共需要建造 8 条船。

"让我们来看看诺亚建造的前 4 条船吧（给学生们看诺亚方舟第一部分）让我们看看每条船上有多少动物（让学生按从左到右的顺序来看）。

"我们先来看第一条船（指向第一条船），让我们数数多少动物在那条船上（指向每个动物，大声的数出来）。第一条船上有多少动物呢？（给学生时间来数和回答）太好了，现在我希望你自己数剩下的三条船上有多少动物，然后把答案告诉我。让我们从第二条船开始数直到最后一条船（从第二条船指到第三、四条船），告诉我哪条船上有 1 只动物？ 2 只？ 3 只？ 4 只？（给学生们时间去数动物并给出回答）太棒了！现在让我们来继续听故事。"

（二）数字 5~8 的数数

"当诺亚把前 4 条船装满后，他发现还有很多动物需要帮助。诺亚又建造了 4 条船来帮助剩下的动物。在诺亚的船驶向大海前，他必须保证所有的动物都得安全待在船上，让我们帮助诺亚数数最后 4 条船吧（展示练习手册第058~059 页）。我们将要从第一条船开始（指向第一条船），让我们一起来数数（大声数每一只动物），这条船上有多少动物（给学生时间思考）？太棒了！现在我希望你数剩下的 3 条船各有多少动物在里面。从第二条船开始，直至数完（指向第二、三、四条船），告诉我哪条船上有 5 只动物？6 只？7 只？8 只？（给学生时间去反应）太好了！现在让我们继续听故事吧。

（三）简单减法任务

"当诺亚确定了每个动物都安全地待在船上后，诺亚需要选择一条他可以上的船。诺亚记得，每条船只可以带 9 只动物，他需要选择一条可以带他的船。让我们来看看诺亚建的 8 条船（向学生们展示 8 条船）。你可以帮助他决定上哪条船吗？（给学生们时间去决定）为什么呢？

"太棒了！（答案是任何一条船都可以）

"你帮助诺亚选择了一条船，现在，他可以和其他动物一起在大海上漂浮获救了。谢谢你！因为你的帮助，他们都从洪水中被解救出来了。现在故事结束了，让我们来看看装满动物的船（给学生展示 8 条船），让我们再来数一数（让学生自己来数。如果学生有需要，提供帮助），现在你已经把所有的动物又数了一遍，让我们看看你给诺亚选择了哪一条船（指向学生给诺亚选择的那条船），你为什么让诺亚乘坐这条船航行？（给学生们反应时间）

"做得好！"

小贴士

这个活动的目的是让学生运用自己的思维来获得答案。如果学生觉得任务有难度或者不会数动物，可以不直接告诉学生答案，而是一步步地指导。

一、任务介绍

　　数一数动物的活动是为学龄前儿童或小学低年级学生设计的。在任务中，学生需要判断大象或者老鼠等动物是 3 个还是 7 个。如果是 7 个动物，就要说"大"，如果是 3 个动物，就要说"小"。可能有些动物是大动物，如大象，但个数较小，学生也要相应地说"小"，而排除动物本身大小的干扰。

　　这个任务训练学生基本数数的能力，逐渐形成数量的概念以及对数字多少的敏感反应。也涉及抑制能力，如需要学生抑制动物本身的大小，而把注意焦点放在数量大小上。

材料：

▶ 指导手册（第 068~070 页）：指导者用。

▶ 练习手册（第 060~063 页）：学生用。

▶ 秒表：指导者用。

▶ 记录纸：指导者用。

二、任务实施

1. 示范

指导者所说所做：

"看看第 060 页，这儿有 4 个方框（从第一个开始，指向每一个方框），在每一个方框中，你会看到大象（指向有大象的方框），或者看到老鼠（指向有老鼠的方框）。在有些方框中有 3 只动物，另一些方框中有 7 只动物。

"请你数这个方框中的动物（指向第一行 7 只大象的方框）。你看到了多少个动物？7 只？（给学生时间反应）对的，你答对了！

"让我们看看下一个方框。数数这个方框中的动物数量（指向第二个方框）。这儿是几个动物？（给学生时间反应）对的，你答对了！

"（指向第三行的方框）这个方框中也有 3 只动物（和学生一起数第三个方框中的每一个动物）。

"这个方框中有多少动物？（指向最后一个方框）。这个方框有七只老鼠！

"（指向最后两个方框），看看我们数的最后两个方框，哪一个方框里动物更多？（给学生反应时间）对的，这个（指向最后一个方框）。

"现在，如果你看到 7 只动物，我们就说'大'，如果看到 3 只动物，我们就说'小'。比如，第一行，有 7 只大象，我们应该说'大'。第二行，有 3 只大象，我们说什么？（给学生反应时间）。对了，说'小'。请你继续说说下面两行。对了，是'小'或'大'。"

大

小

小

大

数一数动物示范

2. 任务

指导者所说所做：

"（练习手册第 061~063 页）我们再多做一些题目吧。这里有很多方框。请告诉我每个方框中的动物是'大'还是'小'。（从第一方框开始，指向每个方框）如果有 7 只动物，就说'大'；如果有 3 只动物，则说'小'。"

【完成任务 1、2，并将结果记录在第 077 页。】

一、任务介绍

　　数一数数字的活动是为学龄前儿童至所有年级小学生设计的。在任务中，学生需要判断数字是 3 个还是 7 个（4 个还是 6 个）。如果是 7 个（或 6 个）数字，就要说"7（或 6）"，如果是 3 个（或 4 个）数字，就要说"3（或 4）"。可能有些数字的数值较大，如数字 7（或 6），但数量较少，学生也要相应地说"3（或 4）"。而有些数字的数值较小，如数字 3（或 4），但数量较多，学生应该要说"7（或 6）"。

材料：

▶ 指导手册（第 071~075 页）：指导者用。

▶ 练习手册（第 064~073 页）：学生用。

▶ 笔 1 支：指导者用。

▶ 秒表：指导者用。

▶ 记录纸：指导者用。

内容：

▶ 任务示范（3 和 7）示范 1-2

▶ 一致任务（3 和 7）1-2

▶ 不一致任务（3和7）3-4

▶ 任务示范（4和6）3-4

▶ 一致任务（4和6）5-6

▶ 不一致任务（4和6）7-8

指导者记录：

▶ 完成任务的时间（秒）。

▶ 错误的个数。

二、任务实施

（一）数字3和7任务

1. 示范

指导者所说所做：

"看这儿（指向示范1，练习手册第064页），这儿有4个方框。有些方框中有3个数字，有些方框中有7个数字。现在，如果方框中有7个数字，就大声说出'7'，如果有3个数字就大声说出'3'。现在，数数这个方框中有多少数字（指向示范1-1）。你看到了多少数字？（给学生反应时间）7？答对了！让我们看看下一个方框（指向示范1-2），现在数数这个方框中有多少数字。是3个吗？（给学生反应时间）。

"请继续说出这两个（指向示范 1-3 和示范 1-4）。很好，3 和 7。

"再来看一下下面四个方框（指向示范 2）。请你说出是'3'，还是'7'。记住，不要去管数字本身是什么。明白了吗？（给学生反应时间）很好，是 7、3、3、7！"

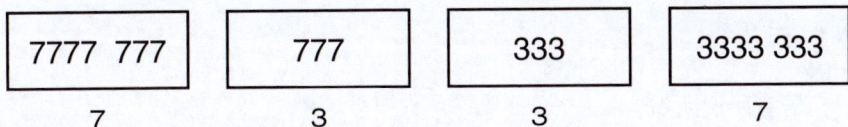

7777 777	777	333	3333 333
7	3	3	7

数一数数字 3 和 7 的示范

2. 一致任务

指导者所说所做：

"下一页有更多方框。数每一个方框中的数字。如果方框中有 7 个数字就大声说出'7'，如果有 3 个数字就大声说出'3'，准备好了吗？开始！"

【完成任务 1、2，在 078、079 页记录时间和错误数。并询问学生用了什么策略。】

3. 不一致任务

"好的，现在我给你一些有挑战的任务。我希望你数数这页每个方框中的数字。注意，你只是数数字的数量。如果方框中有 7 个数字就大声说出'7'，如果有 3 个数字就大声说出'3'。而不管数字本身写的是 3 还是 7。明白了吗？

开始！"

【完成任务3、4，在078、079页记录时间和错误数。并询问学生用了什么策略。】

（二）数字4和6任务

1. 示范

指导者所说所做：

"现在我们要换2个数字。看这儿（指向示范3），这儿有4个方框。有些方框中有4个数字，有些方框中有6个数字。现在，如果方框中有6个数字就大声说出'6'，如果有4个数字就大声说出'4'。现在，数数这个方框中有多少数字（指向示范3-1）。你看到了多少个数字？（给学生反应时间）6？答对了！让我们看看下一个方框（指向示范3-2）现在数数这个方框中有多少个数字。是4个吗？（给学生反应时间）。

"请继续说出这两个（指向示范3-3和示范3-4）。很好，4和6。明白了吗？

"再来看一下下面4个方框（指向示范2）。请你说出是'4'，还是'6'。记住，不要去管数字本身是什么。明白了吗？（给学生反应时间）很好，答案是6、4、4、6！"

666666	4444	6666	444444
6	4	4	6

数一数数字4和6的示范

2. 一致任务

指导者所说所做：

"下一页有更多方框。数每一个方框中的数字。如果方框中有 6 个数字就大声说出'6'，如果有 4 个数字就大声说出'4'，准备好了吗？开始！"

记录时间。

【完成任务 5、6，，在 078、079 页记录时间和错误数。并询问学生用了什么策略。】

3. 不一致任务

"好的，现在我给你一些有挑战性的任务。我希望你数数这页每个方框中的数字。注意，你只是数数字的数量。如果方框中有 6 个数字就大声说出'6'，如果有 4 个数字就大声说出'4'。而不管数字本身写的是 4 还是 6。明白了吗？开始！"

【完成任务 7、8，，在 078、079 页记录时间和错误数。并询问学生用了什么策略。】

记 录 表

提醒

指导者观察策略：在学生完成任务的过程中，观察他们所运用的策略，把这些策略记录在策略评估表中。

学生报告的策略：学生完成任务后，指导者指着这些任务问："告诉我你是怎么做的（指着学生完成的那一页），你怎么知道说哪个数字？（如果需要，可以提供简单的解释，但不要举例子）。"把儿童所说的话记录在策略评估表的报告策略栏中，让学生回忆所使用策略是为了帮助他们理解规则，学会运用策略。如果一开始孩子说不清楚也没关系，能够总结并表达策略需要练习，如果能够说出使用策略，对孩子的计划能力及问题解决能力会有很大帮助。

数一数动物记录表

任务 1		
1	大	
2	小	
3	大	
4	小	
5	小	
6	大	
7	小	
8	大	
9	大	
10	小	
11	大	
12	小	

任务 2		
1	小	
2	大	
3	小	
4	小	
5	大	
6	小	
7	大	
8	大	
9	小	
10	大	
11	小	
12	大	

策略记录

错误 ＿＿＿ 个，用时 ＿＿＿ 秒　　　错误 ＿＿＿ 个，用时 ＿＿＿ 秒

（如果学生正确回答则打"√"，错误则打"✕"。）

数一数数字记录表

任务1、2（3和7的一致）

7	3	3	7
3	3	7	7
7	7	3	3
3	7	3	7
3	7	7	3

3	7	7	3
7	3	7	3
3	7	3	7
7	7	3	3
3	3	7	7

任务3、4（3和7的不一致）

3	7	7	3
7	3	7	3
3	7	3	7
7	7	3	3
3	3	7	7

7	3	7	3
7	7	3	3
3	7	7	3
3	3	3	7
7	3	7	7

任务5、6（4和6的一致）

6	4	4	6
4	4	6	6
6	6	4	4
4	6	4	6
4	6	6	4

4	6	6	4
6	4	6	4
4	6	4	6
6	6	4	4
4	4	6	6

任务7、8（4和6的不一致）

4	6	6	4
6	4	6	4
4	6	4	6
6	6	4	4
4	4	6	6

6	4	6	4
6	6	4	4
4	6	6	4
4	4	4	6
6	4	6	6

续表

任务	时间（秒）	错误（个）
1		
2		
3		
4		
5		
6		
7		
8		

策略记录：

_____

_____

_____

_____

_____

_____

日期：_____

数一数

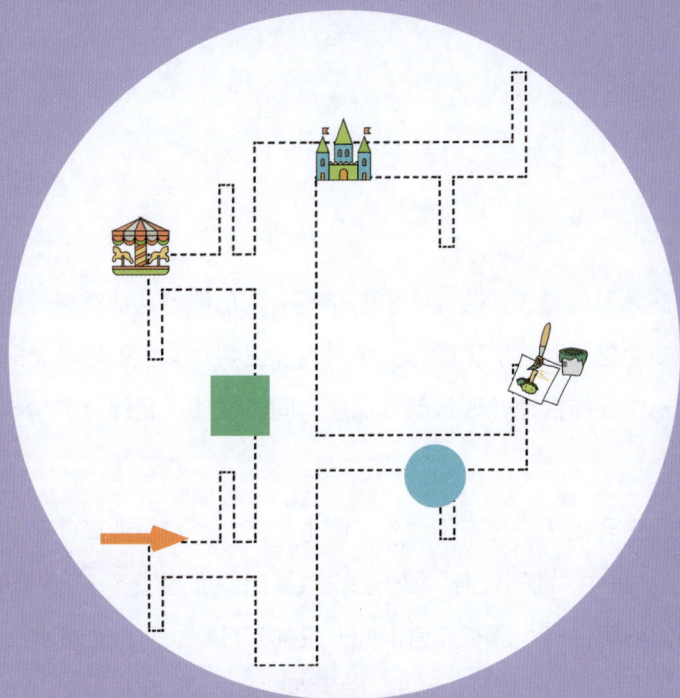

单元四　图形、估算和地图

图形、估算和地图主要关注学生的空间—图形能力、数量感、估算能力，这些活动的核心是同时性加工能力。同时性加工要求学生处理信息时，把各个部分整合为一体，综合地处理各部分信息。同时性加工是促进数学学习的重要能力。

这一单元主要由三个任务组成："图形任务""数量估算任务""地图距离估算任务"。其中"图形任务"属于言语性同时性加工任务，"数量估算任务"与"地图距离估算任务"属于非言语同时性加工任务。"图形任务"要求学生按言语指示找出相应图形或画出图形。学生要理解老师(家长)给出的语音指令，然后按照这个指令，综合地画出相应的图形，如，一个短的箭头指向一个在三角形上面的大方形。"数量估算任务"是给学生在来不及细数的情况下快速估算哪个方框中的黑点多。"地图距离估算任务"是给学生呈现一幅地图，要求学生估计出以某一位置为出发点到哪一间房子的距离更近并形成相应的路线规划。

一、任务介绍

图形任务是为学龄前儿童及整个小学阶段学生设计的，任务具有不同的难度水平。前半部分"找图形"任务适合学龄前儿童，此任务主要让学生按要求找出（或画出）规定大小的方形、箭头、圆形、三角形。后半部分"言语空间图形任务"适合小学生及更大年龄的学生，需要根据一句话中描述的信息，画出相应的图形；或者根据给定的图形，给出一句话的描述。

如果有的学生无法完成任何一个项目，指导者可以用提问的方式来指导学生得出正确的答案，同时，还可以适当多做一些例题作为练习。

如果孩子在尝试两次后仍不能正确作答，则停止任务。

材料：

▶ 指导手册（第 083~098 页）：指导者用。

▶ 练习手册（第 076~101 页）：学生用。

▶ 笔 2 支：指导者和学生各一支。

▶ 剪下各种大小和形状的图形卡片（练习手册 076~079 页）。

▶ 秒表：指导者用。

▶ 记录纸：指导者用。

图形、估算和地图

内容：

▶ 找图形（适合学龄前儿童使用）

▶ 言语空间图形（适合小学生使用）

指导者记录：

▶ 完成任务的时间（秒）。

▶ 正确的个数。

二、任务实施

（一）找图形

1. 初级难度水平的任务

指导者所说所做：

"在这个活动中，我们会用到剪下的卡片，有不同大小的箭头、圆形、方形和三角形。现在，我告诉你一个形状，请你从这些卡片中找出对应的这个形状的卡片。例如，请你拿一个小的圆形，你就要找出来，然后拿给我（指导者示范给学生看，有需要的话可以提供更多示例，给予学生回答的时间）。明白了吗？好，现在请仔细听。"

"一个大的三角形"；

"一个小的方形"；

"一个长的箭头";

……（指导者可根据学生反应的正确率增减任务，如果已经完全做得正确，可以进入下一部分练习）。

2. 中等难度水平的任务

（1）画箭头

指导者所说所做：

"现在，我给你看一个箭头（指导者指向练习手册第 080 页，图 1）。你见过这种形状吗？在哪里见过？（给时间让学生回答）。太棒了！现在让我们看看两个箭头的图片（图 2-1 和图 2-2）。你注意到这两个箭头有什么不同吗？（给时间让学生回答）。对了！一个箭头是短的，另一个箭头是长的。

"我要在这个框内画一个箭头（在练习手册第 081 页第 1 部分，指导者在框内画一个箭头），现在我想要你做的就是在这个框中画一个和我一样的箭头（指向学生的框）。（给予学生画箭头的时间，根据需要提供帮助）。

"很好！现在我要画一个长的箭头（在练习手册第 081 页第 2 部分，指导者在框内画一个箭头约 6 厘米长）。现在我要你在下面再画一个和我一样长的箭头（给予学生画箭头的时间，根据需要提供帮助）。

"很好！我们刚刚画了两个箭头。现在我要画另一箭头，画一个短箭头（在练习手册第 082 页第 3 部分，指导者在框里画一个箭头约 3 厘米长）。现在我要你在下面再画一个和我一样长的箭头（给予学生画箭头的时间，根据需要提供帮助）。"

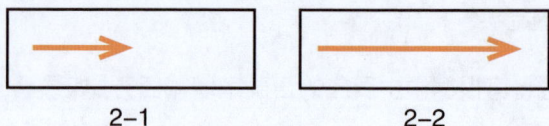

2-1　　　　　2-2

画箭头任务

（2）画圆形

指导者所说所做：

"现在，我给你看一个圆形（指导者指向练习手册第 083 页，图 3）。你见过这种形状吗？在哪里见过？（给时间让学生回答）。太棒了！现在让我们看看两个圆形的图片（图 4-1 和图 4-2)。你注意到这两个圆形有什么不同吗？（给时间让学生回答）。对了！一个圆形小，另一个圆形大。

"我要在这个框内画一个圆形（在练习手册第 084 页第 1 部分，指导者在框内画一个箭头），现在我想要你做的就是在这个框中画一个和我一样的圆形（指向学生的框）。（给学生画圆形的时间，根据需要提供帮助）。

"很好！现在我要画一个大的圆形（在练习手册第 084 页第 2 部分，指导者在框内画一个大圆）。现在我要你在下面再画一个和我一样大小的圆形（给学生画圆形的时间，根据需要提供帮助）。

"很好！我们刚刚画了圆形。现在我要画另一个圆形，画一个小圆形（在练习手册第 085 页第 3 部分，指导者在框里画一个小圆）。现在我要你在下面再画一个和我一样大小的圆形（给学生画圆形的时间，根据需要提供帮助）。"

（3）画方形

指导者所说所做：

"现在，我给你看一个方形（指导者指向练习手册第 086 页，图 4）。你见过这种形状吗？在哪里见过？（给时间让学生回答）。太棒了！现在让我们看看两个方形的图片（图 5-1 和图 5-2)。你注意到这两个方形有什么不同吗？（给时间让学生回答）。对了！一个方形小，另一个方形大。

"我要在这个框内画一个方形（在练习手册第 087 页第 1 部分，指导者框内画一个方形），现在我想要你做的就是在这个框中画一个和我一样的方形（指向学生的框）。（给学生画方形的时间，根据需要提供帮助）。

"很好！现在我要画一个大的方形（在练习手册第 087 页第 2 部分指导者框内画一个大方形）。现在我要你在下面再画一个和我一样大小的方形（给学生画方形的时间，根据需要提供帮助）。

"很好！我们刚刚画了方形。现在我要画另一个方形，画一个小方形（在练习手册第 088 页第 3 部分，指导者在框里画一个小方形）。现在我要你在下面再画一个和我一样大小的方形（给学生画方形的时间，根据需要提供帮助）。"

（二）言语空间图形

指导者所说所做：

"现在我会说一句话，请你根据这句话描述的内容，在下面的方框中画出相应的图片。比如，我说'一根长箭头指向一个大圆'（练习手册第 089 页）。"

"好了，接下来我会说更多类似的句子，请你根据句子的内容，在句子下面的方框中画出相应的图片。"

先导练习

小贴士

如果儿童握笔还不熟练，可以利用小卡片摆出图片。

（记录完成每一题所需时间，如果连续做错 4 道题就停止。指导者也可以适当降低难度，如"一个大三角在小圆的上方"。）

第一组：

1. 一根长箭头指向有一个在大三角形和小三角形中间小方形上面的大圆。

2. 有三根小箭头指向在大圆旁边的小方形，那个大圆里面有四个小方形在一个小三角形的上面。

3. 一根短箭头右边有一个在一个大三角形和一个小三角形中间的小方形上面的一个小圆。

4. 一根长箭头左边有一个在一个大三角形和一个小三角形中间的小方形上面的一个大圆。

5. 一根短箭头指向在一个大圆上面的三个小三角形的左边的方形。

6. 一根长箭头右边有一个在一个小三角形和一个大三角形中间的大方形上面的大圆。

第二组：

1. 一个大三角形在一个含有三个小圆的大三角形左边的小圆的右边。

2. 一个短箭头指向一个大方形，这个大方形在四个小三角形上面大圆的右边。

　3. 一个小三角形在一个含有三个小圆的大三角形右边的大圆的左边。

　4. 一个大方形在含有两个小圆的大圆形右边的小三角形的左边。

　5. 一个大圆在一个含有四个小圆的大三角形右边的小圆的左边。

　6. 一个小方形在一个含有四个小三角形的大圆形右边小方形的右边。

第三组：

　1. 一根短箭头指向三个小三角形右边的小菱形。

　2. 一根短箭头指向三个小三角形右边大方形下面的大圆。

　3. 一根长箭头指向在一个小三角形和一个大三角形中间大方形上面的小圆。

　4. 四根短箭头指向一个含有三个小方形的大圆形下面的小方形。

　5. 两根长箭头指向一个含有四个小方形的大三角形右边小三角形上面的小方形。

　6. 三根短箭头指向一个含有一个小方形的大圆的左边大三角形下面的小三角形。

第四组：

1. 一个大方形在含有三个小圆的大三角形和含有三个小三角形的大圆中间。

2. 一个大圆在含有四个小圆的大三角形和含有四个小三角形的大方形中间。

3. 一个大三角形在一个含有三个小圆的大三角形右边的小圆的右边。

4. 一根短箭头指向含有一个小三角形上面有三个小方形的大圆左边的小方形。

5. 一个大方形在含有三个小圆的大三角形和含有四个小三角形的大圆中间。

6. 一个大方形在含有四个小方形的大圆和含有三个小三角形的大圆中间。

第一组答案：

1. 一根长箭头指向有一个在大三角形和小三角形中间小方形上面的大圆。

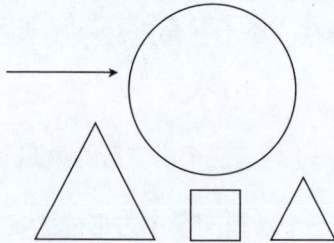

2. 有三根小箭头指向在大圆旁边的小方形，那个大圆里面有四个小方形在一个小三角形的上面。

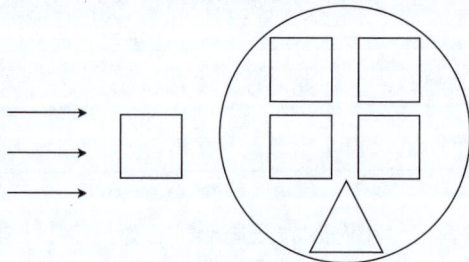

3. 一根短箭头右边有一个在一个大三角形和一个小三角形中间的小方形上面的一个小圆。

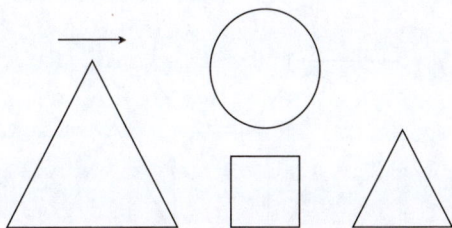

4. 一根长箭头左边有一个在一个大三角形和一个小三角形中间的小方形上面的一个大圆。

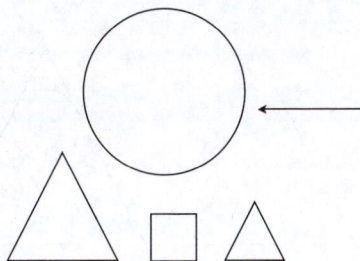

5. 一根短箭头指向在一个大圆上面的三个小三角形的左边的方形。

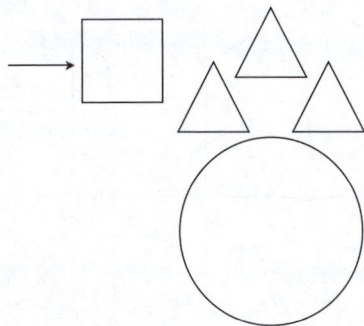

6. 一根长箭头右边有一个在一个小三角形和一个大三角形中间的大方形上面的大圆。

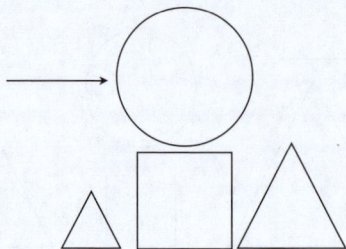

第二组答案：

1. 一个大三角形在一个含有三个小圆的大三角形左边的小圆的右边。

2. 一个短箭头指向一个大方形，这个大方形在四个小三角形上面大圆的右边。

3. 一个小三角形在一个含有三个小圆的大三角形右边的大圆的左边。

4. 一个大方形在含有两个小圆的大圆形右边的小三角形的左边。

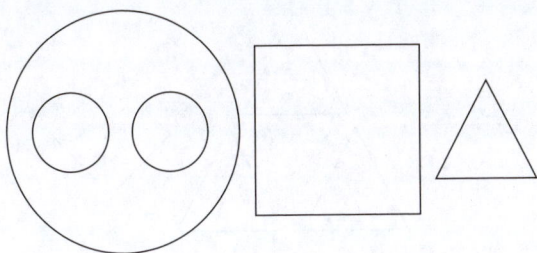

5. 一个大圆在一个含有四个小圆的大三角形右边的小圆的左边。

6. 一个小方形在一个含有四个小三角形的大圆形右边小方形的右边。

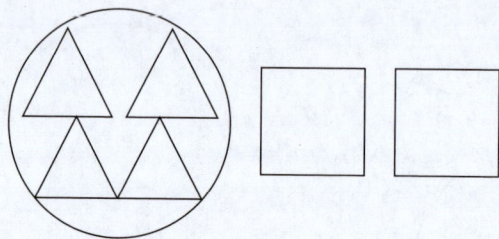

第三组答案：

1. 一根短箭头指向三个小三角形右边的小菱形。

2. 一根短箭头指向三个小三角形右边大方形下面的大圆。

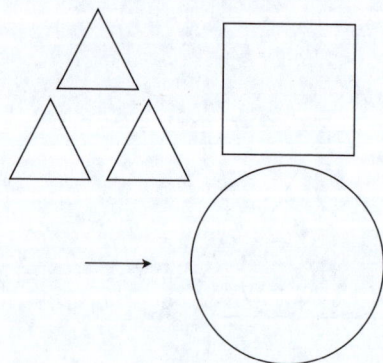

3. 一根长箭头指向在一个小三角形和一个大三角形中间大方形上面的
小圆。

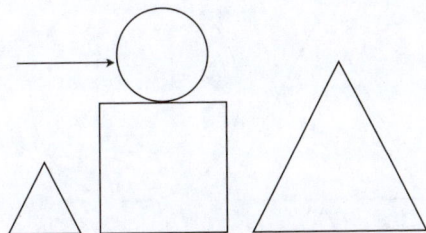

4. 四根短箭头指向一个含有三个小方形的大圆形下面的小方形。

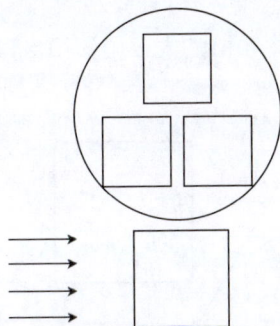

5. 两根长箭头指向一个含有四个小方形的大三角形右边小三角形上面的
小方形。

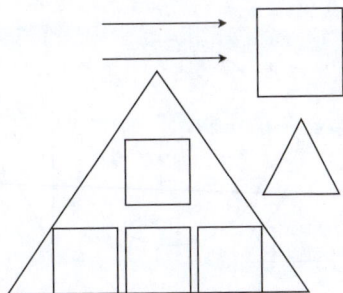

6. 三根短箭头指向一个含有一个小方形的大圆的左边大三角形下面的小三角形。

第四组答案：

1. 一个大方形在含有三个小圆的大三角形和含有三个小三角形的大圆中间。

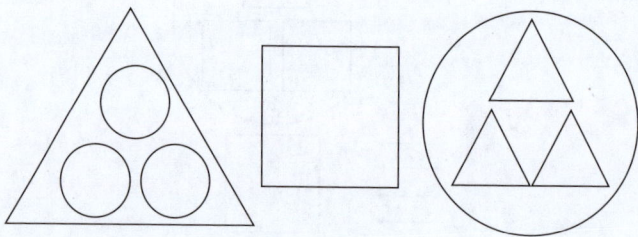

2. 一个大圆在含有四个小圆的大三角形和含有四个小三角形的大方形中间。

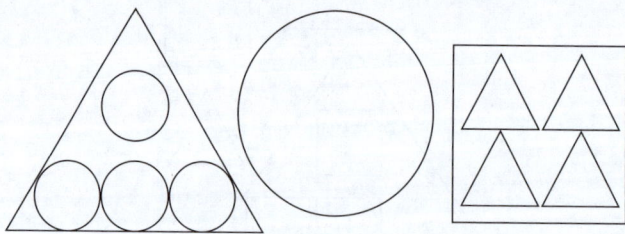

3. 一个大三角形在一个含有三个小圆的大三角形右边的小圆的右边。

4. 一根短箭头指向含有一个小三角形上面有三个小方形的大圆左边的小方形。

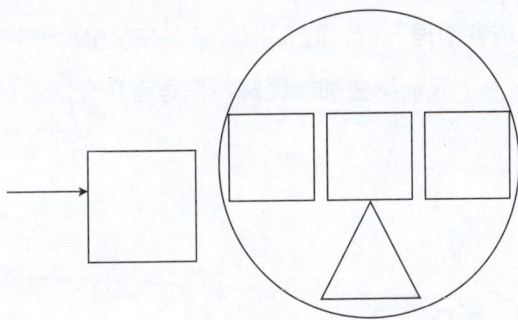

5. 一个大方形在含有三个小圆的大三角形和含有四个小三角形的大圆中间。

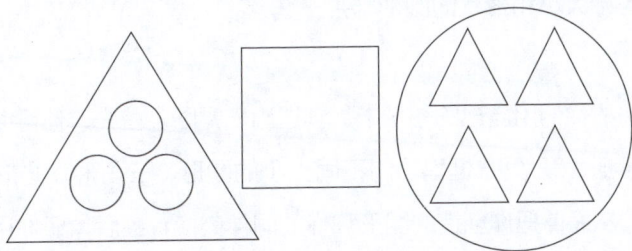

6. 一个大方形在含有四个小方形的大圆和含有三个小三角形的大圆中间。

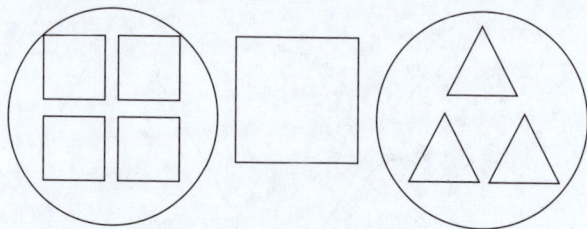

三、小组活动：创造自己的图形

以 3~5 个小伙伴形成小组，或按两两配对的方式进行小组活动。每个小组需要一个老师（或者助理），老师，即指导者要在学生能够完全独立完成任务前，进行全程指导。为了保证学生都能理解，指导者在介绍活动的时候需亲自演示这些活动。

材料：

▶ 指导手册（第 098 页）。

▶ 练习手册（第 102~103 页）。

▶ 剪下各种大小和形状的图形卡片一套。

"现在，请你们用自己的图形卡片创造出一幅图。首先，你可以用手中的卡片，在练习手册 102 页方框里，用不同大小的圆形、三角形、方形和箭头摆出自己的图形；然后请把你创造的图形和你的同伴交换；最后，请你用一句话描述你伙伴的作品吧。"

一、任务介绍

这个任务适合学龄前儿童至全部小学生使用。估算是指在某些关于数和量的问题无法或不必通过精确的数学方法获得解决时所采用的一种近似判断的数学方法。它是对数量关系和空间关系的概括性的合理推断。"估算"能力与儿童早期数学学习关系密切。在最新的学术和研究领域中，数量的估计系统是一个很重要的研究主题，受到诸多数学心理学家的关注。估算有助于培养学生对数和量的直觉理解，推理和判断能力，同时也可以提高儿童对事物的综合性和概括性的认知能力。具有较好估算能力的儿童，他们对数量、时间和空间等会有整体性、全局性和概括性的认知。这也是同时性加工能力的体现。

估算能力可以通过训练来提高吗？当然可以！接下来的任务将会更清晰地展示如何帮助学生提高估算的技能，以使之受益于数学学习的其他领域。

在数量估算任务中，我们每一页会呈现左右两个方框，每个方框中有一定数量的黑点。学生必须在 1~2 秒（小学中高年级）或 2~3 秒（小学低年级及学龄前儿童）内快速判断哪一个方框中的黑点更多。几秒钟的时间无法让学生仔细数这些点，所以学生只能靠猜和估算来完成任务。

材料：

▶ 指导手册（第 099~104 页）：指导者用。

▶ 练习手册（第 104~134 页）：学生用。

▶ 笔 1 支：指导者用。

▶ 秒表：指导者用。

▶ 记录纸：指导者用。

内容：

▶ 示范

▶ 任务 1

▶ 任务 2

指导者记录：

▶ 正确的个数（指导手册第 103~104 页）

二、任务实施

1. 示范

指导者所说所做：

"让我们来看看第一个示范（指向练习手册第 104 页，上半部分示范 1~1）。我们看到三个方框，第一个方框里有很多黑点（指向第一个方框），第二个方框是空的，第三个方框也有很多点（指向第三个方框）。不用数数，你猜猜哪个方框里的黑点多，左边的还是右边的？（给学生回答的时间）。

很好！现在让我们继续看另一个示范（示范 1-2）。"（重复上面的指导语）

注意：如果学生的回答不正确，回去重新进行这个例子。

"现在让我们来看看后面的示范（指向 105 页，示范 2-1）。这一次你只能有 2 秒钟（幼儿园儿童可以 3 秒）的时间来看这些方框。在没有数数的情况下，你认为哪个方框的点更多？左边的还是右边的？（给学生回答的时间）。

很好！现在让我们继续做另一个示范（示范 2-2）。"（重复上面的指导语）

继续完成 106 页，示范 3-1 和 3-2。

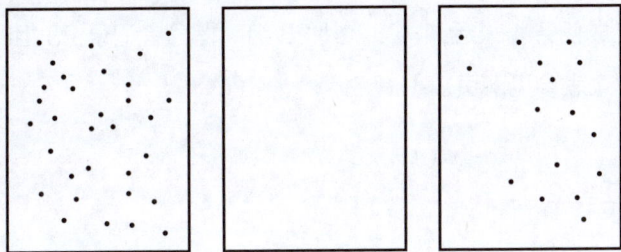

示范 1-1

小贴士

每一页都有上下两组任务。在呈现一组任务的时候，最好用白纸遮盖另一组，确保学生看不到第二组。

指导者要控制每一组任务的时间。可以心中默数 1 秒或 2 秒。时间到就遮盖起来。

如果儿童不能分清"左""右"，也可以报告 1 或者 2，或者用手指一下。

图形、估算和地图

2. 任务1

指导者所说所做：

"让我们继续，你将要继续估计哪一个方框的黑点更多。这一次你只有2秒钟（幼儿园儿童可以3秒钟）的时间来看每一张任务卡。一旦2秒钟到了，我将会盖住这一页，然后你要告诉我哪个方框有更多的点，左边还是右边？记住你没有时间仔细数。你只能估计在这些方框里有多少个点，并且猜哪一个方框的点多。准备好了吗？（给学生回答的时间，必要时提供帮助）开始。（翻开页面）"

【完成任务1-1至1-23，共23组，指导者记录23组的错误个数。参考答案及记录表参见下页。】

3. 任务2

指导者所说所做：

"做得很好！让我们继续。这里，你跟前面一样，要继续估计哪一个方框的黑点更多。这一次你只有1秒钟（幼儿园儿童可以2秒钟）的时间来看每一张任务卡。1秒钟后，我将会盖住这一页，然后你要告诉我哪个方框有更多的点，左边还是右边？记住你没有时间仔细数。你只能估计在这些方框里有多少个点，并且猜哪一个方框的点多。准备好了吗？（给学生回答的时间，必要时提供帮助）开始！（翻开练习册第119页）"

【完成任务2-1至2-31，共31组，指导者记录31组的错误个数。参考答案及记录表参见下页。】

数量估算任务记录表 1

（圈出学生的答案）

练习手册页码	任务	正确答案	学生答案	计分（0-1）
104	示范 1-1	左	--	--
104	示范 1-2	右	--	--
105	示范 2-1	右	--	--
105	示范 2-2	左	--	--
106	示范 3-1	右	--	--
106	示范 3-2	右	--	--
107	1-1	右	左 -- 右	
107	1-2	右	左 -- 右	
108	1-3	右	左 -- 右	
108	1-4	左	左 -- 右	
109	1-5	右	左 -- 右	
109	1-6	左	左 -- 右	
110	1-7	右	左 -- 右	
110	1-8	左	左 -- 右	
111	1-9	左	左 -- 右	
111	1-10	左	左 -- 右	
112	1-11	右	左 -- 右	
112	1-12	右	左 -- 右	
113	1-13	右	左 -- 右	
113	1-14	左	左 -- 右	
114	1-15	左	左 -- 右	
114	1-16	右	左 -- 右	
115	1-17	左	左 -- 右	
115	1-18	左	左 -- 右	
116	1-19	右	左 -- 右	
116	1-20	右	左 -- 右	
117	1-21	右	左 -- 右	
117	1-22	左	左 -- 右	
118	1-23	左	左 -- 右	

正确_____个（日期：   ）

正确_____个（日期：   ）

正确_____个（日期：   ）

小贴士：可以跟踪儿童的正确率变化。

图形、估算和地图

数量估算任务记录表 2

（圈出学生的答案）

练习手册页码	任务	正确答案	学生答案	计分（0-1）
119	2-1	右	左 -- 右	
119	2-2	右	左 -- 右	
120	2-3	左	左 -- 右	
120	2-4	右	左 -- 右	
121	2-5	右	左 -- 右	
121	2-6	左	左 -- 右	
122	2-7	右	左 -- 右	
122	2-8	左	左 -- 右	
123	2-9	右	左 -- 右	
123	2-10	右	左 -- 右	
124	2-11	右	左 -- 右	
124	2-12	左	左 -- 右	
125	2-13	左	左 -- 右	
125	2-14	左	左 -- 右	
126	2-15	右	左 -- 右	
126	2-16	左	左 -- 右	
127	2-17	左	左 -- 右	
127	2-18	左	左 -- 右	
128	2-19	右	左 -- 右	
128	2-20	右	左 -- 右	
129	2-21	右	左 -- 右	
129	2-22	左	左 -- 右	
130	2-23	左	左 -- 右	
130	2-24	右	左 -- 右	
131	2-25	左	左 -- 右	
131	2-26	左	左 -- 右	
132	2-27	右	左 -- 右	
132	2-28	右	左 -- 右	
133	2-29	右	左 -- 右	
133	2-30	左	左 -- 右	
134	2-31	左	左 -- 右	

正确_____个（日期：_____）

正确_____个（日期：_____）

正确_____个（日期：_____）

一、任务介绍

这个任务适合学龄前儿童至所有年级小学生使用，关注的是距离的估算。通过对地图的学习，促进学生距离估算能力，也能提高儿童对事物的综合性和概括性的认知能力，以及时间和空间方位的能力。这也是同时性加工能力的重要体现。

地图距离估算任务有两个部分：第一部分我们会给学生呈现一个模拟的小区地图，让学生目测估计判断从起点到两个目标终点，哪一个距离更近；第二部分是一个模拟的游乐场地图，根据地图的内容，让学生回答一些有关距离、数量以及方位的问题。

材料：

▶ 指导手册（第 105~109 页）：指导者用。

▶ 练习手册（第 135~136 页）：学生用。

▶ 笔 2 支：指导者和学生各一支。

▶ 记录纸：指导者用。

内容：

▶ 小区地图

▶ 游乐场地图

二、任务实施

1. 小区地图

指导者所说所做：

"请看这里有一幅地图（指向练习手册第 135 页），你看到了什么？（等学生作出回答）。很好！我们看见了房子、树，还有很多路。让我们想象一下，你的同学住在这里的一间间房子里。你想去找你的同学，但只想去稍微近一点的同学家里。比如，让我们看一下 25 号房子和 26 号房子（指向这两所房子）。从你所站的地方（指向左下角的人），去离你稍微近一点的房子，并且只能在 25 号房子与 26 房子之间选择（再次指向这两所房子）。你准备怎么走？（让学生用手比划路径）哪一个更近？（等学生作出回答）很好！距离 26 号房子的同学家里更近，我们就去那里吧。

"让我们继续前进去其他同学家里吧！

"现在我们要从 27 号房子和 32 号房子（指向这两所房子）中选一个同学家去玩。记住，我们只去住的离我们稍微近一点的同学家。看一下你现在在哪里？（指向这个小人）哪一间房子离你更近一点呢？（指向 27 号房子和 32 号房子并且等学生作出回答）很好！我们要去 27 号同学家里。你是使用了与第一题相同的办法来计算出离你近一点的房子吗？（允许学生有时间作答）。"

【重复上述指导语，指导者可以任意搭配两间房子】

比如 28 号和 32 号（28 更近）；

29 号和 30 号（29 更近）；

27 号和 29 号（29 更近）；

26 号和 29 号（26 更近）

……

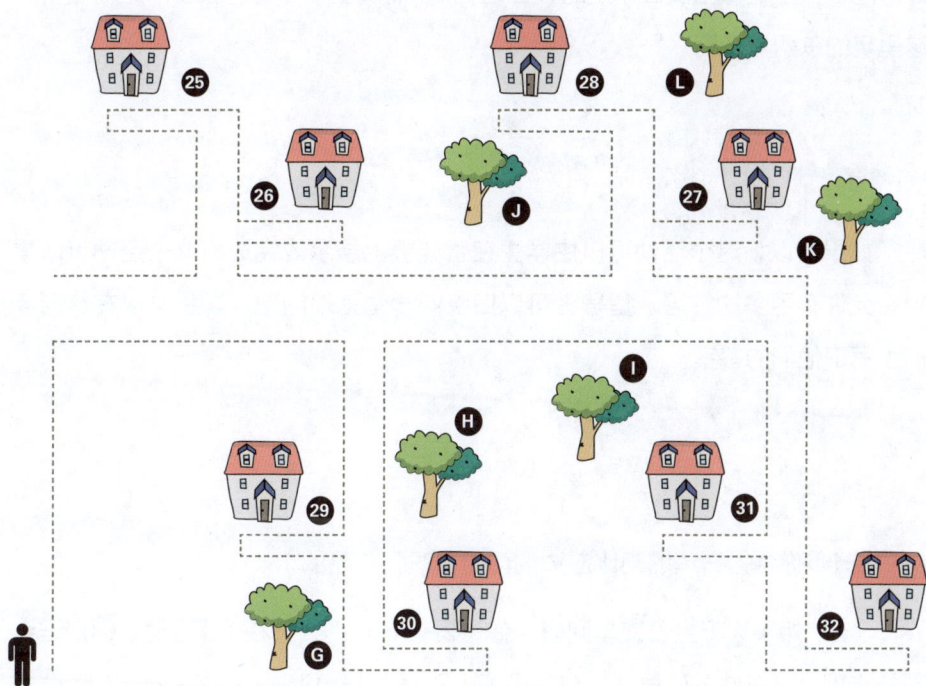

小区地图

2. 游乐场地图

指导者所说所做：

"让我们来一起看这张地图。你看到了什么？（给孩子自由回答的时间）这其实是一个游乐场的地图。你看到了很多数字对吗？（允许儿童反应的时间）这些都是进出游乐场的门。现在告诉我，你看到游乐场里面的'城堡'了吗？（允许时间让孩子们做出反应）是的，在这儿。（点城堡）让我们假装你是在城堡，这里玩的东西真多啊。"

小贴士

如果可以，这个活动可以由学生在智能板上展示或完成。这个活动可以重复，允许有更多的练习。指导者可以口头向学生呈现问题，学生可以在练习手册上写下他们的答案。

问题：

（1）你认为右边的门比左边的门更多吗？（是的）

（2）如果你想坐公交车回去，你哥哥在 8 号门，你在 18 号门。你们谁会更快走到公交车站（谁离公交车站更近）？（8 号更近）

（3）你站在 24 号门，一个人问你去双层旅游大巴的方向。你打开这张地图，但是你不会说。你必须要用像左、右、转向、长途步行、短途步行这些词来告诉他如何到达那个地方。开始告诉他方向吧。

（4）在冰淇淋商店吃完点心，你想回家了，所以你想去一个最近的电话亭打电话。

你的叔叔说："你好。"

你说："我想回家，请在最近的门口接我。"

他问："门号是多少？"

你将会说哪个数字呢？（44 号门）

"我现在在 20 号门前，告诉我，我怎样步行到你所处的地方？"

（5）你在画店里遇到一个小朋友，他想去游乐场。你能告诉他怎么过去吗？

三、小组活动

以 3~5 个小伙伴组成小组，或以两两配对的方式进行小组活动。每个小组需要一个老师（或者助理），老师要在学生完全能够独立完成任务前，进行全程指导。为了保证学生都能理解，指导者在介绍活动的时候需亲自演示这些活动。

材料：

▶ 指导手册（第 109~111 页）。

▶ 练习手册（第 136 页）。

指导者所说所做：

"让我们再来看看游乐场的地图。这时你的伙伴会用下面的句子问你一些问题。请你用向前走、向右转、向左转等描述，回答你的伙伴的问题。"

我现在在_____，我想去_____。

如：

我现在在２０号门，我想去书店。

我现在在２６号门，我想去冰淇淋店。

我现在在８号门，我要去公交车站。

……

请小伙伴自己设立更多的问题，让另一位小伙伴回答吧。看看都回答对了吗？

游乐场地图任务

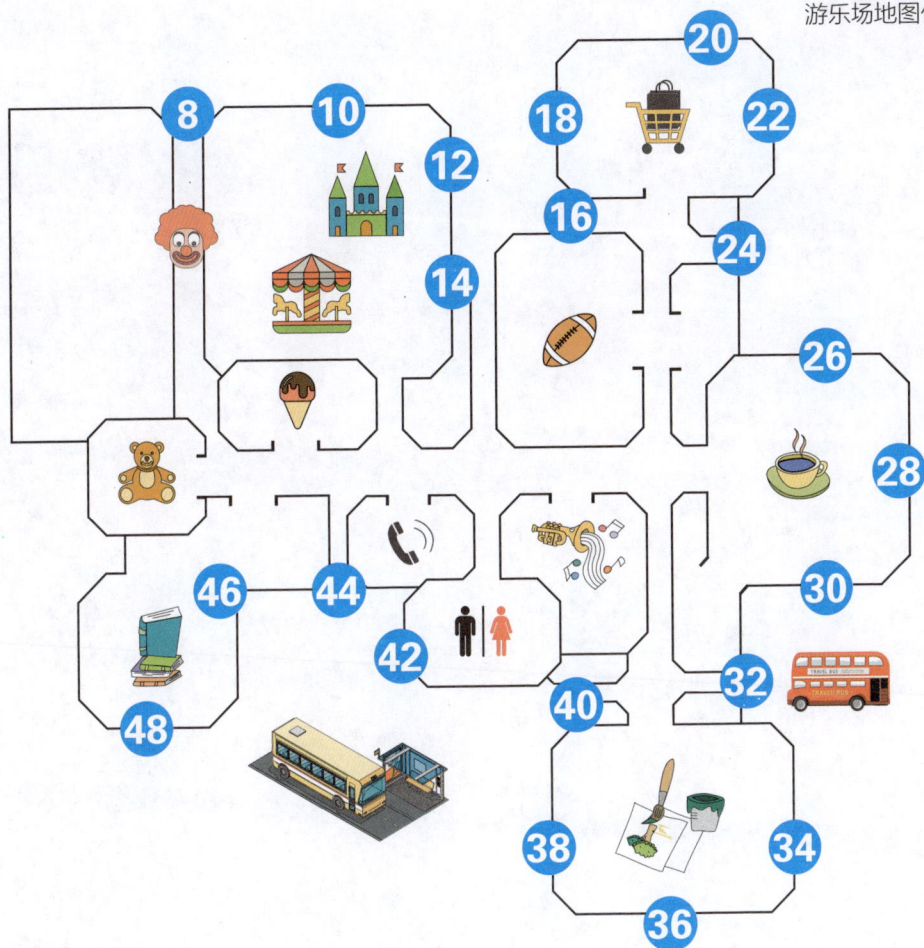

游乐场地图

单元五　数字记忆广度

　　数字的记忆广度主要针对学生工作记忆能力的训练。工作记忆是学生一边进行存储信息（记忆），一边还要加工处理信息（工作）的能力。这种能力在几乎所有的学习、推理、创造力等高级认知活动中起重要的作用。在解答数学题的过程中，两个最重要的认知能力就是工作记忆和抑制分心干扰。数学学习不好的学生常常在工作记忆与抑制能力上存在缺陷，这样会导致在解题策略的正确选取使用、注意切换等方面产生问题。

　　数字记忆广度单元包括两个任务：第一个计算广度任务，需要学生在判断简单算式正确与否的同时（工作），记住算式中的最后一位数字（记忆）（此训练学生不需使用任何工具，纯粹使用大脑记忆，故练习手册中无对应内容）；第二个是数字侦察任务，任务中给学生呈现一套数字卡片，3秒后立即遮住或拿走，接着给学生呈现相同数量的空白卡片，让学生回忆报告出箭头所指的空白卡片对应刚才卡片里的哪个数字。

一、任务介绍

计算广度任务适用于所有年级小学生。学生会听到几组简单的加法算式，他们要快速判断这些计算是否正确。与此同时，还要记住计算题中的最后一个数字。

如：

2+3=5 对吗？ 学生必须回答"对"或者"错"，同时记住最后一个数字"5"；

3+1=6 对吗？ 学生必须回答"对"或者"错"，同时记住最后一个数字"6"。

当所有算式呈现结束后，学生必须按刚才的顺序依次报告每个算式最后的数字，如"5、6"。算式最简单有 2 组，最难的达到 7 组。难度从简单到复杂逐渐增加。

计算广度任务有两个难度等级，初级任务和中级任务。初级任务是两个数字之间的加法等式（如 5+2=6 对吗？ ）。中级任务是三个数字的加法等式（例如，4+3+1=8 对吗？ ）。指导者在题目显示出来后询问是否正确，学生需要做出相应的回答，同时也要记住算式的最后一个数字，譬如"8"。在一组所有的算式呈现后，询问儿童"现在按刚才算式的顺序，告诉我每个算式最后一个数字是什么"。

示范和例题的目的除了让学生弄清楚任务要求，更重要的是让学生通过自己的思考过程发现模式的规律。通过示范和例题，老师（或家长）可以了解学生处理和存储信息的能力。如果有的学生无法完成任何一个示范项目，指导者可以用提问的方式来指导学生得出正确的答案，同时，还可以适当多做一些例题。

材料：

▶ 指导手册（第 115~125 页）：指导者用。

▶ 练习手册：这一部分不需要练习手册。

▶ 笔 1 支：指导者使用。

▶ 记录纸：指导者用。

内容：

▶ 初级任务

▶ 中级任务

指导者记录（记录表第 119 页）：

▶ 判断算式正确与否

▶ 数字回忆正确与否

二、任务实施

（一）初级任务

1. 例题

指导者所说所做：

"接下来我要报一些计算题，请你快速判断算得对不对。比如，1+3=5，对吗？（允许学生有时间作答）不，这不正确。那正确答案是什么？（允许学生有时间作答）对，等于4。让我们看下一道题目。2+4=6，对吗？（允许学生有时间作答）对，是正确的。

"现在，请你判断计算题是否正确后，还要记住这个算式最后的一个数字。比如，1+3=5，请你记住这个算式最后一个数字'5'。为什么呢？因为1+3=5这个算式最后一个数字就是5。再如2+4=6，你要记住哪个数字？（允许学生有时间作答）应该记住'6'。

"当我把几个算式全部报完后，我会让你回忆你记住的数字。你要按顺序把刚才记住的数字大声报告出来。比如，刚才的两个算式的最后一个数字依次是'5、6'"。

我们来做个练习：

2+4=5，对吗？（允许学生有时间作答）

1+3=4，对吗？（允许学生有时间作答）

好了，请你报告数字。

正确答案是"5、4"，你做对了吗？

（如果没有做对，请重复上述例题，一步步解释说明。）

很好！我们再做一个练习：

3+2=5，对吗？（允许学生有时间作答）

2+4=3，对吗？（允许学生有时间作答）

好了，请你报告数字。

正确答案是"5、3"。

小贴士

这一训练我们不指出儿童回答"对""错"是否有误。只要保证他在加工运算就可以了。

2. 任务

"做得很好！现在我们正式开始。"

【完成下面记录表中的题目，连续两个广度的数字回忆错误就停止。计算题正确与否偶尔判断错误没有关系，可以继续。】

计算广度任务记录表（初级水平任务）

（呈现完每一项之后立即询问"对吗？"，在每一项的结果正误答案上标注"√"或者"X"。记忆测试上：请圈出"1"或者"0"，其中"1"表示回答正确，"0"表示回答错误。）

项目	加　法	答案	计分
广度2			
1	2+3=5 对吗？	对	
2	3+1=6 对吗？	错	
记忆测试	现在请依次告诉我每一道算式的最后一个数字，以我刚才呈现的顺序回答。	5-6	1 - 0
3	4+3=7 对吗？	对	
4	3+5=8 对吗？	对	
记忆测试	现在请依次告诉我每一道算式的最后一个数字，以我刚才呈现的顺序回答。	7-8	1 - 0
广度3			
5	5+4=7 对吗？	错	
6	8+1=9 对吗？	对	
7	6+2=5 对吗？	错	
记忆测试	现在请依次告诉我每一道算式的最后一个数字，以我刚才呈现的顺序回答。	7-9-5	1 - 0
广度4			
8	3+6=7 对吗？	错	

续表

项目	加　法	答案	计分
9	1+7=8 对吗?	对	
10	5+4=9 对吗?	对	
11	4+5=6 对吗?	错	
记忆测试	现在请依次告诉我每一道算式的最后一个数字,以我刚才呈现的顺序回答。	7-8-9-6	1－0
广度5			
12	6+3=9 对吗?	对	
13	1+3=4 对吗?	对	
14	4+5=8 对吗?	错	
15	1+2=3 对吗?	对	
16	2+3=6 对吗?	错	
记忆测试	现在请依次告诉我每一道算式的最后一个数字,以我刚才呈现的顺序回答。	9-4-8-3-6	1－0
广度6			
17	6+1=7 对吗?	对	
18	3+2=5 对吗?	对	
19	5+4=8 对吗?	错	
20	4+3=6 对吗?	错	
21	2+1=3 对吗?	对	
22	4+2=9 对吗?	错	
记忆测试	现在请依次告诉我每一道算式的最后一个数字,以我刚才呈现的顺序回答。	7-5-8-6-3-9	1－0

续表

项目	加　法	答案	计分
广度 7			
23	3+5=8 对吗？	对	
24	4+2=6 对吗？	对	
25	5+3=9 对吗？	错	
26	1+6=5 对吗？	错	
27	2+2=4 对吗？	对	
28	4+2=7 对吗？	错	
29	1+2=3 对吗？	对	
记忆测试	现在请依次告诉我每一道算式的最后一个数字，以我刚才呈现的顺序回答。	8-6-9-5-4-7-3	1－0
		总分	

（二）中级任务（只适合小学中高年级学生）

1. 例题

指导者所说所做：

"做得好！你准备接受更难一点的挑战吗？现在我们将给每道计算题再增加 1 个数字。比如 2+3+1=6，对吗？像我们刚才进行的一样，你要快速地告诉我计算正确还是错误，同时，还要记住每一题等式的最后一个数字。在几个计算题之后，我会让你按顺序大声说出来。我们先来做个练习，你准备好了吗？"

2+4+1=6，对吗？（允许学生有时间作答）

1+3+1=5，对吗？（允许学生有时间作答）

好了，请你报告数字。

正确答案是"6、5"，你做对了吗？

（如果没有做对，请重复上述例题，一步步解释说明。）

很好！我们再做一个练习：

3+2+1=6，对吗？（允许学生有时间作答）

2+4+1=7，对吗？（允许学生有时间作答）

好了，请你报告数字。

正确答案是"6、7"。

2. 任务

"做得很好！现在我们正式开始。"

【完成下面记录表中的题目，连续两个广度的数字回忆错误就停止。计算题正确与否偶尔判断错误没有关系，可以继续。】

小贴士

（1）中级任务稍有一些难度，指导者可以尝试在计算题之后，等待 2~3

秒再询问"对吗"？。这样可以让学生有多一点的运算时间，会更好去进行记忆存储，从而更好地复述出来。

（2）指导者可以自己编写计算题，或者更换计算题的顺序，可以让学生做第二轮、第三轮……训练。

数字记忆广度（中级水平任务）

项目	加　法	答案	计分
广度2			
1	2+3+1=6 对吗？	对	
2	3+1+1=7 对吗？	错	
记忆测试	现在请依次告诉我每一道算式的最后一个数字，以我刚才呈现的顺序回答。	6-7	1－0
3	4+3+1=8 对吗？	对	
4	3+5+1=9 对吗？	对	
记忆测试	现在请依次告诉我每一道算式的最后一个数字，以我刚才呈现的顺序回答。	8-9	1－0
广度3			
5	5+4+1=8 对吗？	错	
6	3+1+1=5 对吗？	对	
7	2+2+1=4 对吗？	错	
记忆测试	现在请依次告诉我每一道算式的最后一个数字，以我刚才呈现的顺序回答。	8-5-4	1－0

项目	加　法	答案	计分
广度 4			
8	3+3+1=5 对吗?	错	
9	1+7+1=9 对吗?	对	
10	5+2+1=6 对吗?	错	
11	2+2+1=4 对吗?	错	
记忆测试	现在请依次告诉我每一道算式的最后一个数字,以我刚才呈现的顺序回答。	5-9-6-4	1 - 0
广度 5			
12	2+3+1=8 对吗?	错	
13	1+3+1=5 对吗?	对	
14	4+5+1=9 对吗?	错	
15	1+2+1=4 对吗?	对	
16	2+3+1=7 对吗?	错	
记忆测试	现在请依次告诉我每一道算式的最后一个数字,以我刚才呈现的顺序回答。	8-5-9-4-7	1 - 0
广度 6			
17	6+1+1=8 对吗?	对	
18	3+2+1=6 对吗?	对	
19	5+4+1=9 对吗?	错	
20	4+3+1=7 对吗?	错	
21	2+1+1=4 对吗?	对	
22	4+2+1=3 对吗?	错	

续表

项目	加　法	答案	计分
记忆测试	现在请依次告诉我每一道算式的最后一个数字，以我刚才呈现的顺序回答。	8-6-9-7-4-3	1－0
广度7			
23	3+5+1=9 对吗？	对	
24	4+2+1=7 对吗？	对	
25	5+3+1=8 对吗？	错	
26	1+2+1=3 对吗？	错	
27	2+2+1=5 对吗？	对	
28	4+2+1=6 对吗？	错	
29	1+2+1=4 对吗？	对	
记忆测试	现在请依次告诉我每一道算式的最后一个数字，以我刚才呈现的顺序回答。	9-7-8-3-5-6-4	1－0
		总分	

一、任务介绍

数字侦察任务适用于学龄前儿童至所有年级小学生。向学生们呈现方框里的一组数字，3 秒钟后拿走（或者遮盖），随后，学生会看到几个空白的方框，并且有一个箭头指着某一个方框。学生需要回答箭头所指的这个方框是哪个数字。数字从 3 个到 8 个不等。

研究显示：识别数字的速度将影响学生的算术成绩。这是学生在最初几年学习数学的基础。数字在头脑中快速再现有助于学生迅速复述并记住一组数字。快速复述能提高学生的回忆能力。试着自己重复一组数字，就好像把这些数字放在一个语音环中，这是学生记住数字时常用的一个非常好的策略。复述可以在头脑中鲜活地保持这些数字，防止遗忘。"工作记忆"中一个主要部分就是"语音（复述）环路"。

譬如，如果要让你记住一组电话号码，你一定是心中复述，然后才能记住。这个复述就处于工作记忆的"语音环路"。

学生们或许有各自不同的记忆方式和策略，尤其是在数字系列不断增加的时候。指导者不必告诉学生如何去记忆，学生们可能会自己找出最好的记忆方法。

材料：

▶ 指导手册（第 126~129 页）：指导者用。

▶ 练习手册（第 139~198 页）：指导者给学生展示。

▶ 笔 1 支：指导者使用。

▶ 秒表。

内容：

▶ 例题。

▶ 任务：广度从 3~8，每个广度有 3 组任务。

指导者记录（记录表第 130–131 页）：

▶ 数字侦察正确与否。

二、任务实施

1. 例题

指导者所说所做：

"现在我会给你看几个方框，每个方框里有一个数字，你要尽可能记住这些数字。很快，我会拿走或者遮住这些数字，然后出现几个空白的方框和一个箭头。请你回忆箭头所指的那个方框里的数字是什么。"

我们来试试看（指向练习手册第 139 页），请看下面例子：

（3 秒之后，可以心中默数 1 秒 –2 秒 –3 秒）。接着遮盖数字，并呈现下面的空白方框，询问，"刚才在这个方框里是什么数字？"

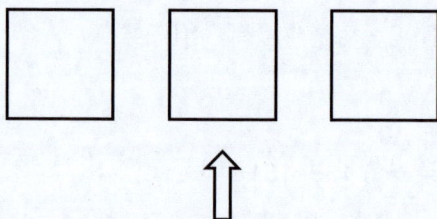

"很好，是 1。"

如果有学生回答错误，指导者可以用提问的方式来指导学生得出正确的答案，同时，还可以适当多做一些例题。

2. 任务

"现在，我们来做其他一些数字侦察任务，请你尽可能记住给你看的数字。准备好了吗？现在开始。"

【完成任务广度从 3 位到 8 位的任务。连续做错 4 个停止。在 130、131 页记录学生的正确数。】

小贴士

（1）数字卡片呈现时间可以由 3 秒，变为 2 秒，提高难度。

（2）可以将个位数字转换成两位数字以提高难度，这样，学生可能就无法完成广度为 8 的任务。因为有研究显示，学生一般的记忆广度取决于在 2 秒钟内他能对自己默数多少个数字。

（3）还有一个变式，在出现空白方框时，没有箭头出现，但出现一个数字。让学生找到这个数字在哪个位置（参见练习手册第 175~198 页）。

三、小组活动

以 3~5 个小伙伴形成小组，或两两配对的方式进行小组活动。每个小组需要一个老师（或者助理），老师要在学生能够完全独立完成任务前，进行全程指导。为了保证学生都能理解，指导者在介绍活动的时候需亲自演示这些活动。

材料：

▶ 指导手册（第 129 页）

▶ 练习手册（第 199~201 页），或者使用单元二中的数字卡片和空白卡片。

指导者所说所做：

"现在，你要制作出自己的数字卡片。让你的伙伴侦察你的数字。请根据上面的操作。你再制作几道题目吧。"

数字侦察任务记录表

（连续做错 4 个停止）

正确答案	学生答案	评分
3 位		
7		0--1
6		0--1
8		0--1
9		0--1
4 位		
1		0--1
3		0--1
1		0--1
2		0--1
5 位		
3		0--1
1		0--1
3		0--1
4		0--1
6 位		
3		0--1
4		0--1

续表

正确答案	学生答案	评分
6		0--1
7		0--1
7 位		
9		0--1
9		0--1
5		0--1
8		0--1
8 位		
1		0--1
7		0--1
7		0--1
9		0--1
	正确_____个，日期：_____	

儿童数学
与认知训练手册

［加］戴斯（J.P.Das）　蔡丹◎著

清华大学出版社
北京

图书在版编目（CIP）数据

儿童数学与认知训练手册 /（加）戴斯（J. P. Das），
蔡丹著 . —北京：清华大学出版社，2017.9（2025.12重印）
ISBN 978-7-302-46432-7

Ⅰ . ①儿⋯　　Ⅱ . ①戴⋯②蔡⋯　　Ⅲ . ①数学—儿童教

育—研究　　Ⅳ . ① O1-4

中国版本图书馆 CIP 数据核字（2017）第 024679 号

责任编辑：周　华
封面设计：李伯骥
责任校对：王荣静
责任印制：杨　艳

出版发行：清华大学出版社
　　　　　网　　址：https://www.tup.com.cn，https://www.wqxuetang.com
　　　　　地　　址：北京清华大学学研大厦 A 座　　邮　　编：100084
　　　　　社总机：010-83470000　　　　　邮　　购：010-62786544
　　　　　投稿与读者服务：010-62776969，c-service@tup.tsinghua.edu.cn
　　　　　质量反馈：010-62772015，zhiliang@tup.tsinghua.edu.cn
印装者：涿州汇美亿浓印刷有限公司
经　　销：全国新华书店
开　　本：170mm×230mm　　　　印　　张：22　　字　　数：228 千字
版　　次：2017 年 9 月第 1 版　　印　　次：2025 年 12 月第 3 次印刷
定　　价：118.00 元（全两册）

产品编号：067199-02

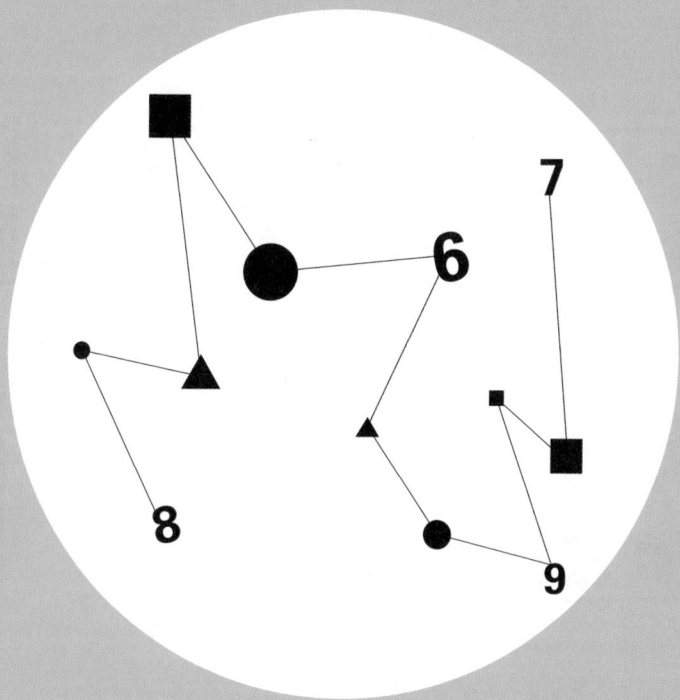

单元一　数字连线

▶ **示范**

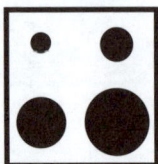  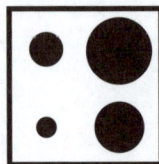 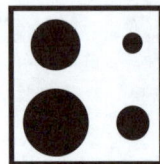

示范 1　　　　示范 2　　　　示范 3　　　　示范 4

▶ **例题**

  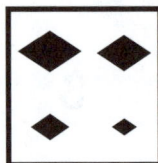 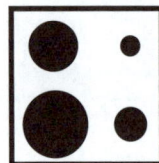

例题 1　　　　例题 2　　　　例题 3　　　　例题 4

▶ **练一练**

 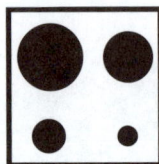 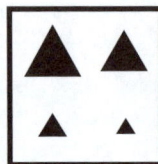 

▶ **练一练**

 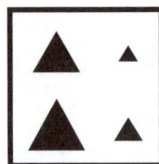  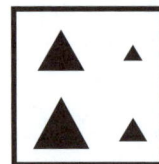

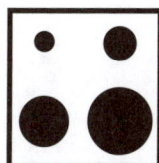

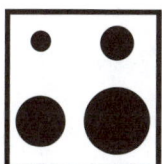

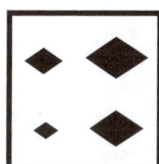

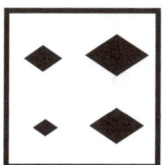
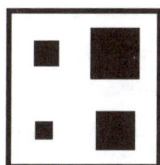
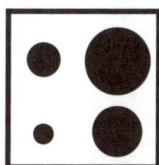

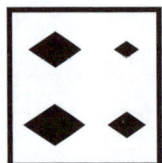   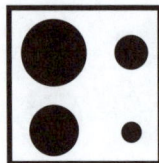

 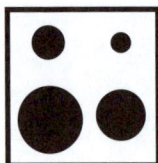  

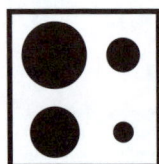   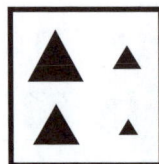

 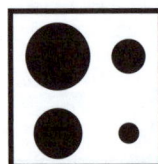 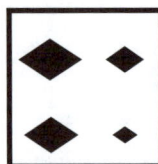 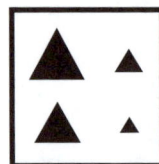

▸ **示范 1**

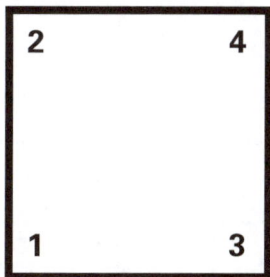

示范 1-1

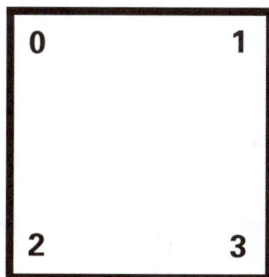

示范 1-2

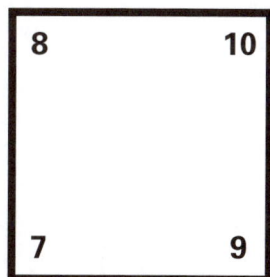

示范 1-3

▸ **例题 1**

例题 1-1

例题 1-2

例题 1-3

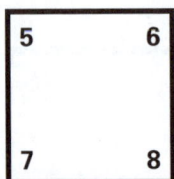
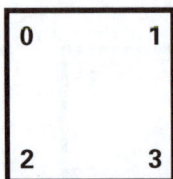
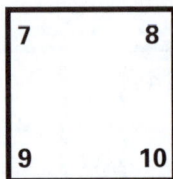
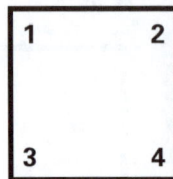

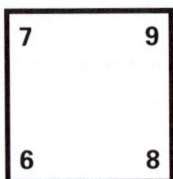
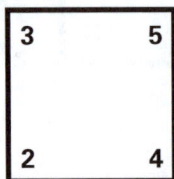
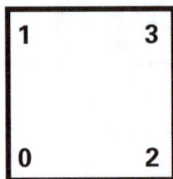
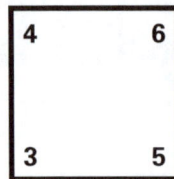

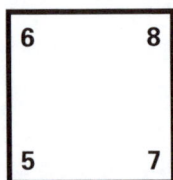
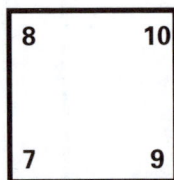
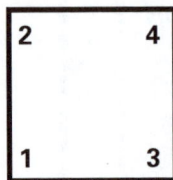
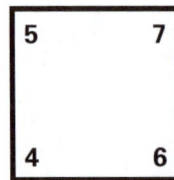

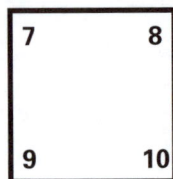
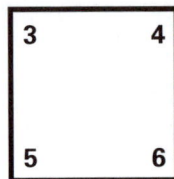
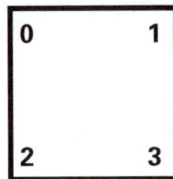
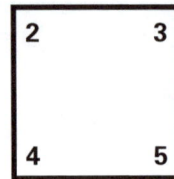

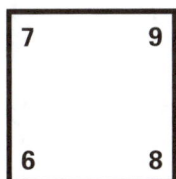
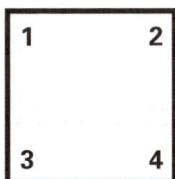
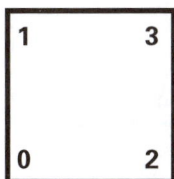
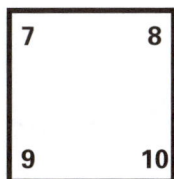

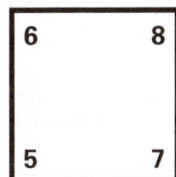
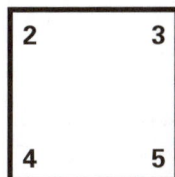
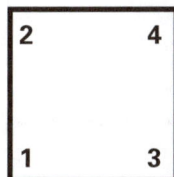
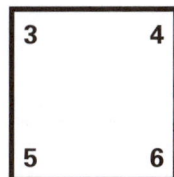

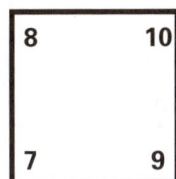
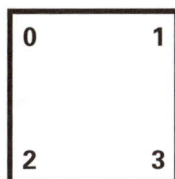
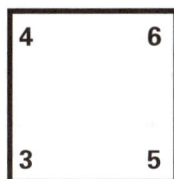
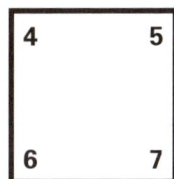

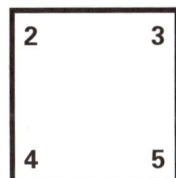
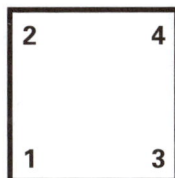
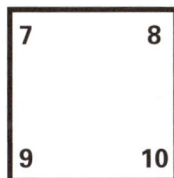
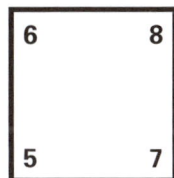

25　　30 35　　40	47　　59 41　　53

25　　　30	47　　　59	44　　　48	30　　　36
35　　　40	41　　　53	52　　　56	27　　　33

17　　　21	46　　　49	44　　　66	73　　　79
25　　　29	52　　　55	33　　　55	85　　　91

37　　　41	64　　　75	30　　　40	27　　　30
35　　　39	86　　　97	25　　　35	33　　　36

75　　　97	43　　　47	45　　　51	23　　　27
64　　　86	51　　　55	42　　　48	31　　　35

58　　　60	32　　　40	39　　　46	13　　　17
62　　　64	28　　　36	53　　　60	11　　　15

▶ **示范 2**

4	8
2	6

5	10
15	20

9	11
8	10

10	20
30	?

▶ **例题 2**

10	14
8	12

20	30
40	50

1	3
0	2

0	5
10	?

0　　2	10　　20
4　　6	30　　40

1　　2	2　　4
3　　4	6　　?

10　　30	6　　10
0　　20	4　　8

8　　?	10　　20
7　　9	5　　15

4　　6	20　　21
8　　10	22　　23

40　　50	15　　20
60　　70	25　　?

12　　16	30　　40
10　　14	25　　35

32　　?	12　　14
30　　34	11　　13

20　　24	
18　　22	

60　　65	
70　　75	

10　　20	
30　　40	

51　　52	
53　　?	

80　　85	
90　　95	

14　　16	
18　　20	

40　　?	
30　　50	

50　　60	
45　　55	

17　　18	
19　　20	

35　　45	
55　　65	

55　　65	
50　　60	

14　　?	
12　　16	

0　　5	
10　　15	

35　　55	
25　　45	

30　　32	
34　　?	

65　　75	
60　　70	

37	?
35	39

64	75
86	?

30	?
25	35

27	30
33	?

58	?
62	64

32	40
28	?

39	46
53	?

13	17
11	?

75	97
64	?

43	?
51	55

45	51
42	?

23	27
31	?

25	30
35	?

47	?
41	53

44	?
52	56

30	36
27	?

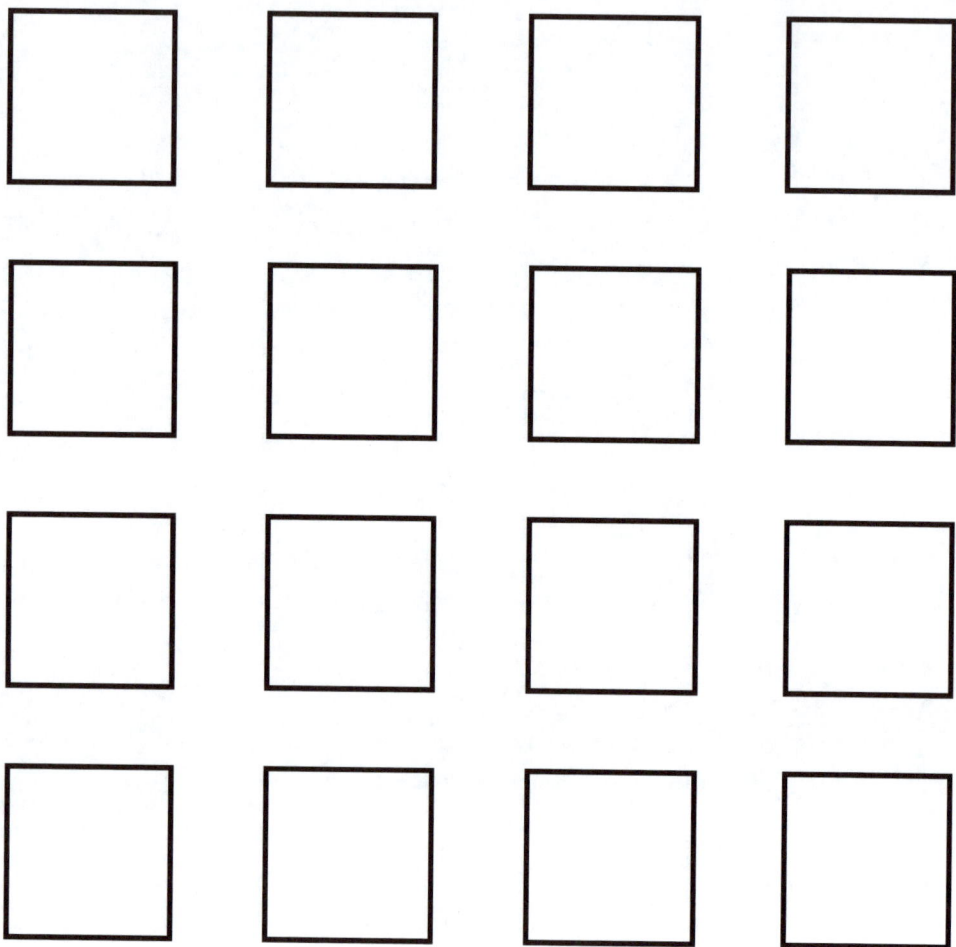

1	2	3
4	5	6
7	8	9
	10	

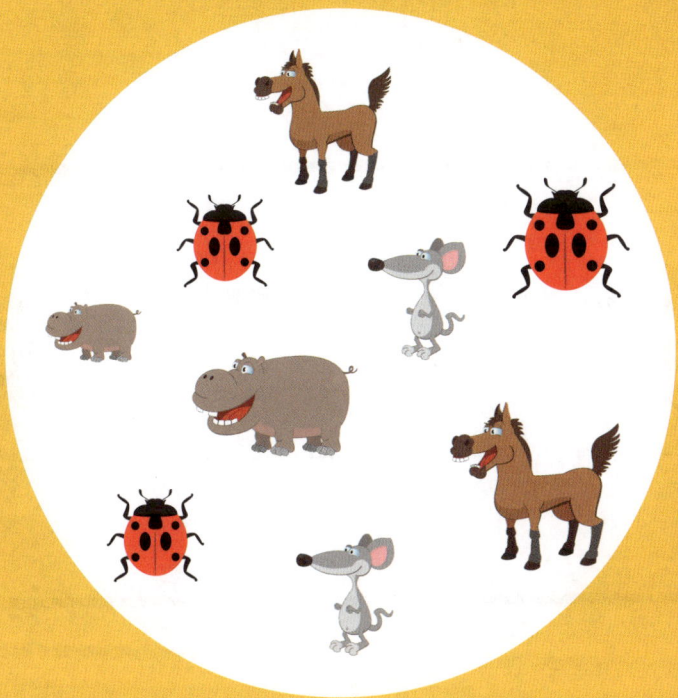

单元二　学习数轴

▶ **示范 1**

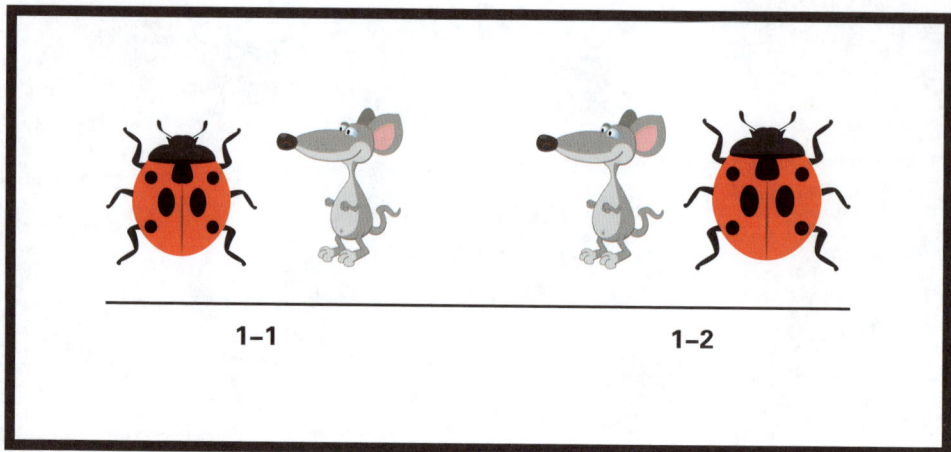

1–1　　　　　　　　　1–2

▶ **示范 2**

2–1　　　　　　　　　2–2

▶ **示范 3**

3–1   3–2

▶ **示范 4**

4–1   4–2

▶ 示范 5

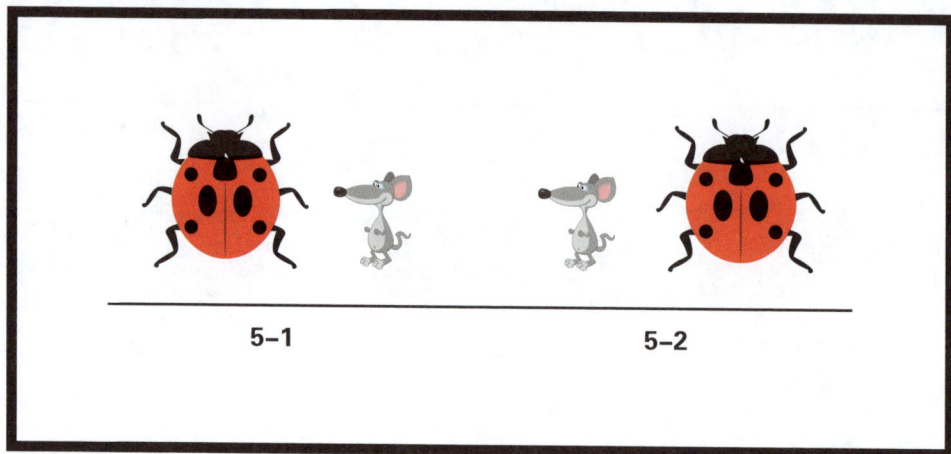

5–1　　　　　　　　5–2

▶ 示范 6

6–1　　　　　　　　6–2

学习数轴

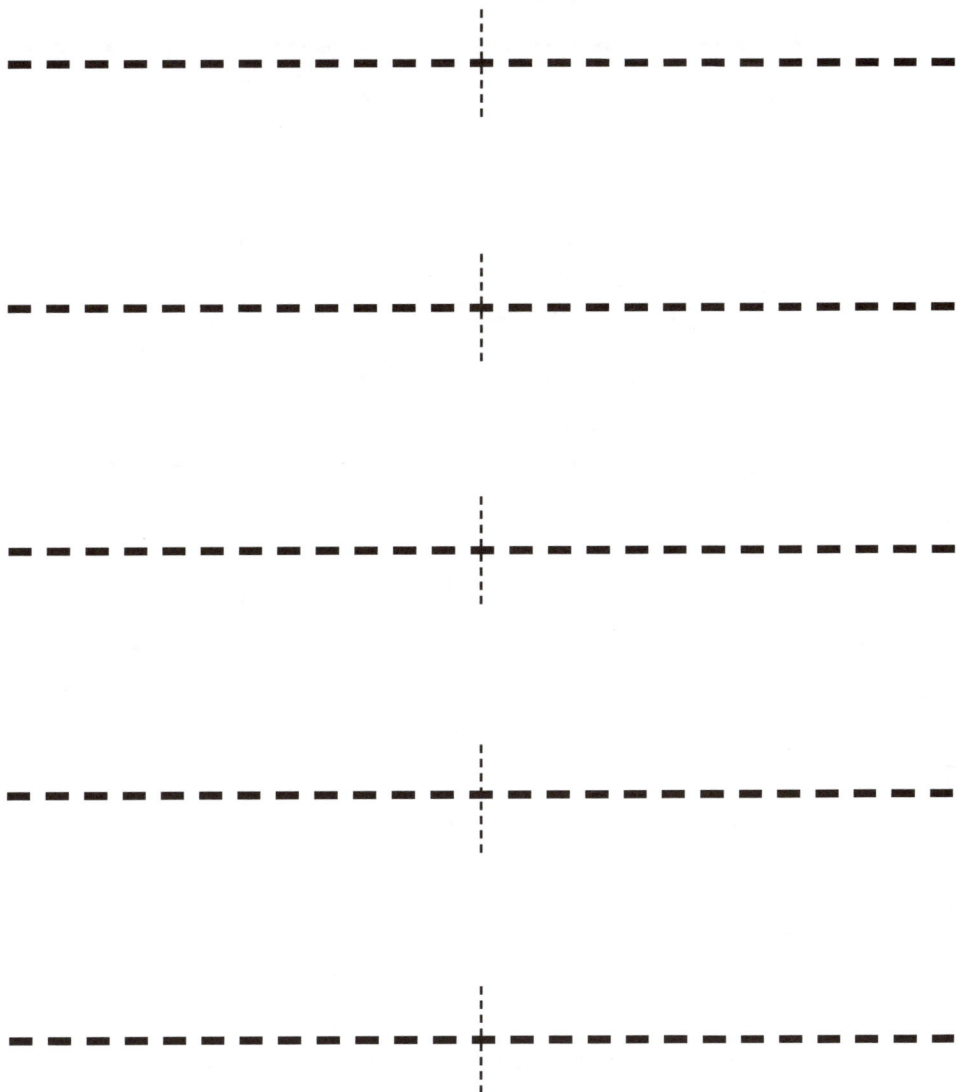

-------------------------------+-------------------------------

-------------------------------+-------------------------------

-------------------------------+-------------------------------

-------------------------------+-------------------------------

-------------------------------+-------------------------------

▶ **中立和相反任务　示范**

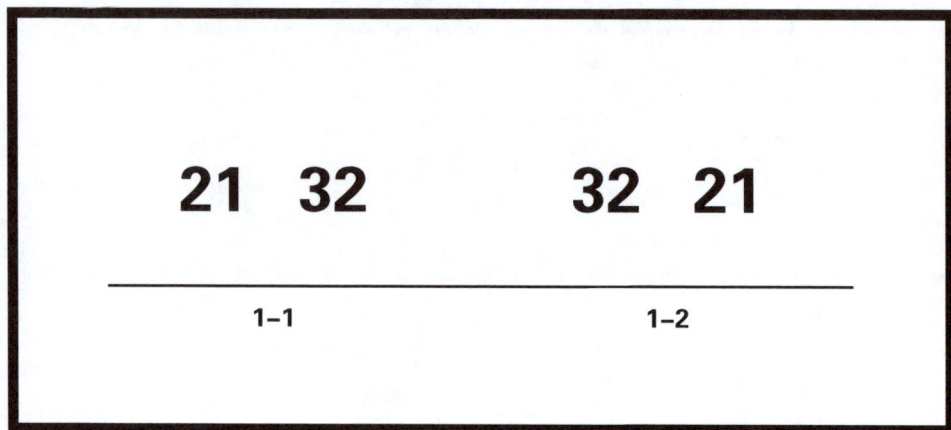

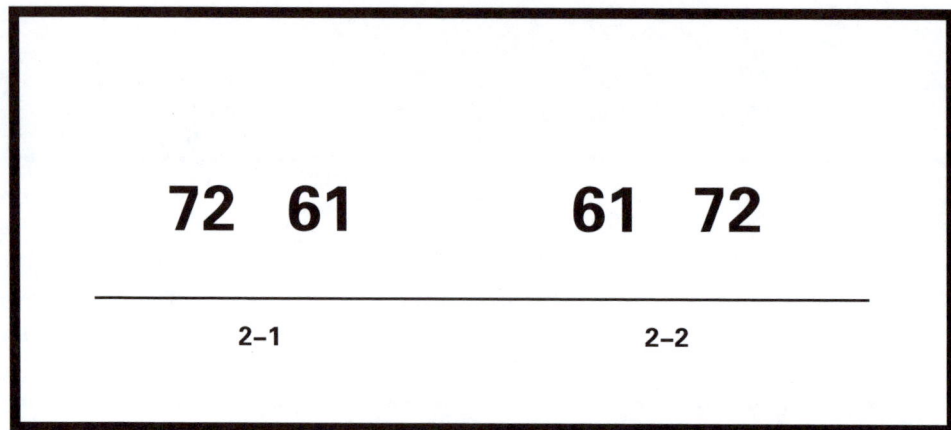

21 32　　32 21

———————————————————————

1–1　　　　　　　　　1–2

▶ **中立和相反任务　示范**

72 61　　61 72

———————————————————————

2–1　　　　　　　　　2–2

21 32　　　32 21　　　32 21　　　21 32

32 21　　　32 21　　　21 32　　　32 21

21 32　　　21 32　　　32 21　　　32 21

21 32　　　32 21　　　21 32　　　21 32

32 21　　　21 32　　　32 21　　　21 32

21 32	21 32	32 21	21 32

32 21	32 21	21 32	21 32

32 21	21 32	32 21	32 21

21 32	32 21	21 32	32 21

21 32	21 32	21 32	32 21

61 72　　　　72 61　　　　72 61　　　　61 72

72 61　　　　61 72　　　　72 61　　　　61 72

61 72　　　　72 61　　　　61 72　　　　72 61

61 72　　　　72 61　　　　61 72　　　　61 72

72 61　　　　72 61　　　　61 72　　　　72 61

72 61　　　　61 72　　　　61 72　　　　72 61

_____

61 72　　　　72 61　　　　61 72　　　　72 61

_____

72 61　　　　61 72　　　　72 61　　　　61 72

_____

61 72　　　　61 72　　　　72 61　　　　61 72

_____

72 61　　　　61 72　　　　72 61　　　　72 61

_____

▶ **示范 3**

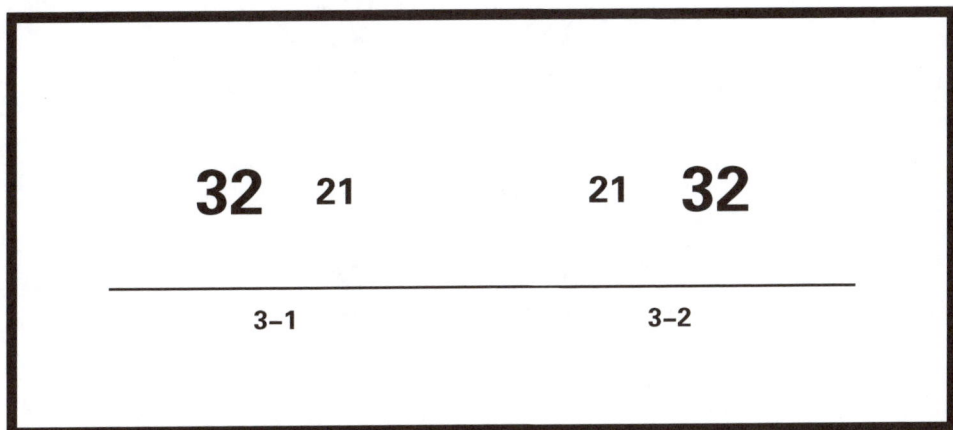

▶ **示范 4**

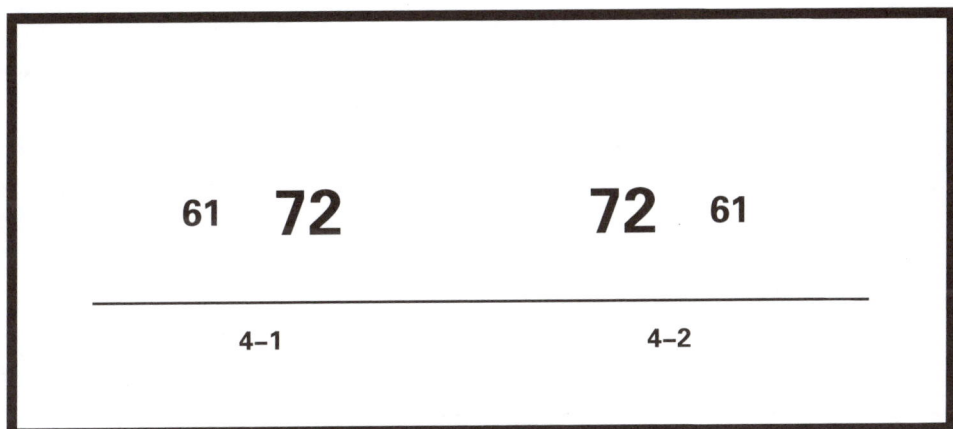

32 21   21 **32**   21 **32**   **32** 21

---

21 **32**   **32** 21   21 **32**   21 **32**

---

32 21   21 **32**   **32** 21   21 **32**

---

32 21   **32** 21   21 **32**   **32** 21

---

21 **32**   **32** 21   **32** 21   21 **32**

---

21 **32**   **32** 21   **32** 21   21 **32**

32 21   21 **32**   **32** 21   **32** 21

21 **32**   **32** 21   21 **32**   **32** 21

21 **32**   21 **32**   **32** 21   21 **32**

32 21   21 **32**   21 **32**   **32** 21

61 **72**	**72** 61	**72** 61	61 **72**

---

72 61	61 **72**	**72** 61	61 **72**

---

61 **72**	**72** 61	61 **72**	**72** 61

---

72 61	**72** 61	**72** 61	**72** 61

---

61 **72**	**72** 61	61 **72**	61 **72**

---

72 61　　　　61 **72**　　　　61 **72**　　　　**72** 61

---

61 **72**　　　　**72** 61　　　　61 **72**　　　　**72** 61

---

72 61　　　　61 **72**　　　　**72** 61　　　　61 **72**

---

61 **72**　　　　61 **72**　　　　**72** 61　　　　61 **72**

---

72 61　　　　61 **72**　　　　**72** 61　　　　**72** 61

▶ **示范 5**

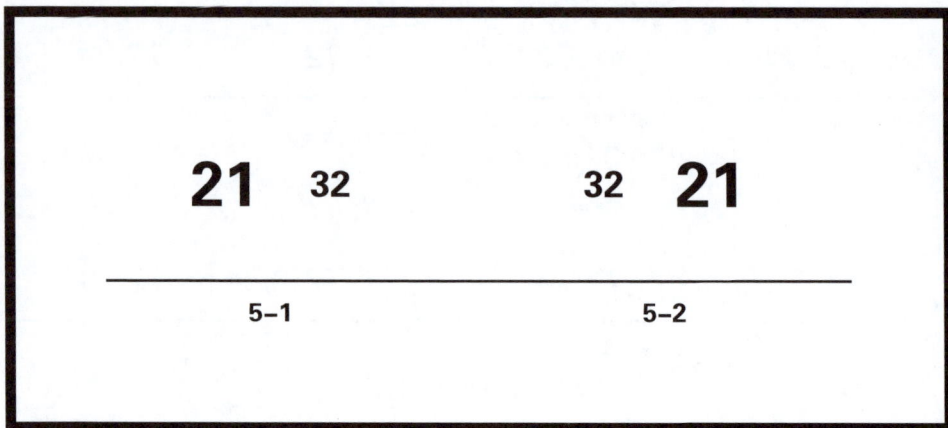

21 32   32 **21**

5-1   5-2

▶ **示范 6**

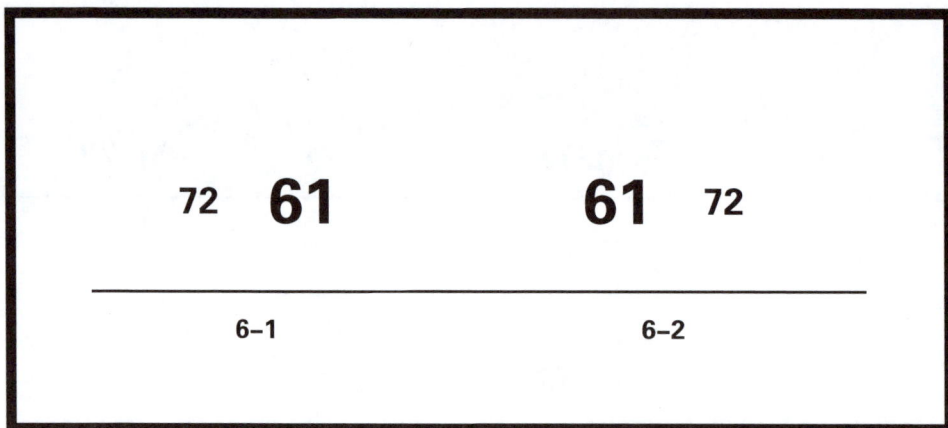

72 **61**   **61** 72

6-1   6-2

32 **21**　　　　**21** 32　　　　32 **21**　　　　32 **21**

---

21 32　　　　32 **21**　　　　**21** 32　　　　32 **21**

---

21 32　　　　**21** 32　　　　32 **21**　　　　**21** 32

---

32 **21**　　　　**21** 32　　　　**21** 32　　　　32 **21**

---

21 32　　　　32 **21**　　　　**21** 32　　　　32 **21**

---

21 32　　　32 **21**　　　**21** 32　　　**21** 32
_____

32 **21**　　　**21** 32　　　32 **21**　　　**21** 32
_____

32 **21**　　　32 **21**　　　**21** 32　　　32 **21**
_____

21 32　　　32 **21**　　　32 **21**　　　**21** 32
_____

32 **21**　　　**21** 32　　　32 **21**　　　**21** 32
_____

72 **61**	72 **61**	**61** 72	**61** 72

72 **61**	**61** 72	72 **61**	**61** 72

61 72	72 **61**	72 **61**	**61** 72

72 **61**	**61** 72	**61** 72	72 **61**

61 72	72 **61**	**61** 72	72 **61**

61 72　　　61 72　　　72 61　　　72 61

61 72　　　72 61　　　61 72　　　72 61

72 61　　　61 72　　　61 72　　　72 61

61 72　　　72 61　　　72 61　　　61 72

72 61　　　61 72　　　72 61　　　61 72

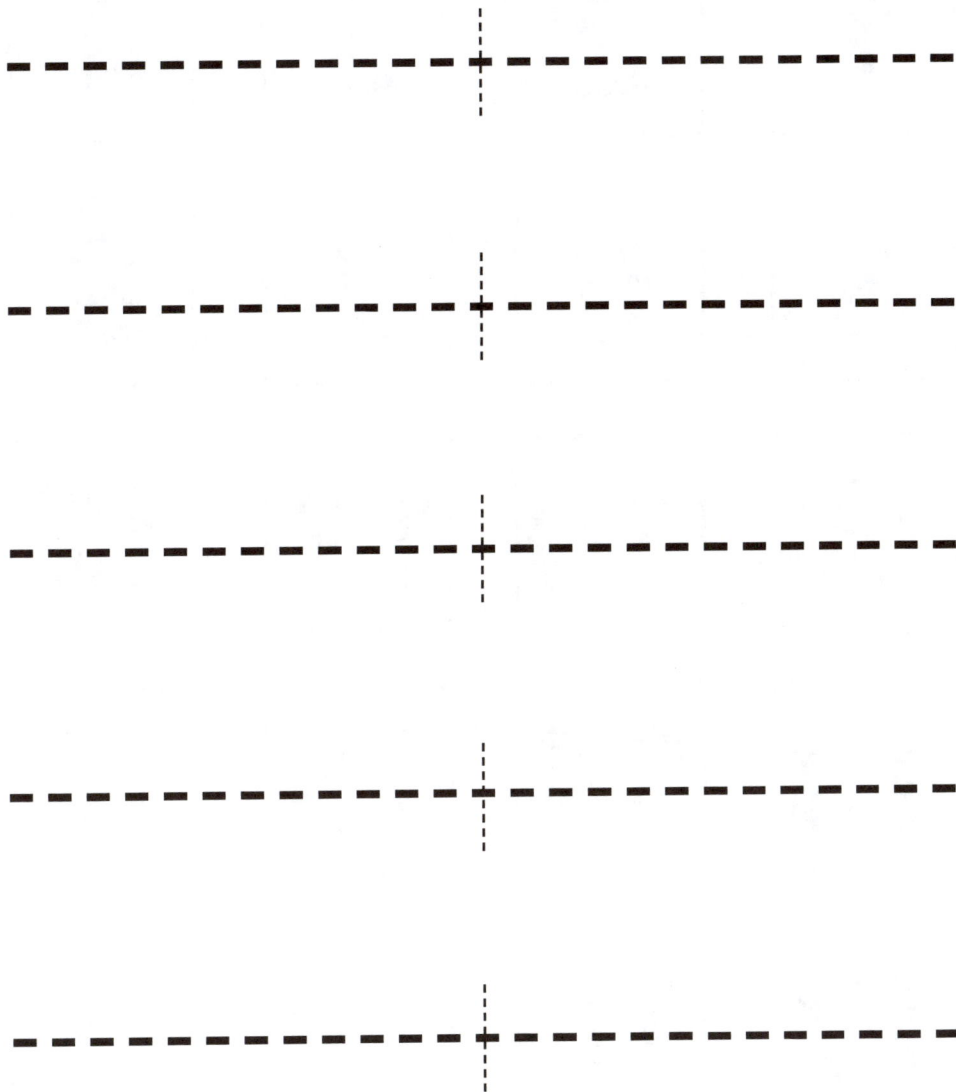

1	2	3	4
5	6	7	8
9	10	11	12
13	14	15	16
17	18	19	20

单元二

21	22	23	24
25	26	27	28
29	30	31	32
33	34	35	36
37	38	39	40

41	42	43	44
45	46	47	48
49	50	51	52
53	54	55	56
57	58	59	60

61	62	63	64
65	66	67	68
69	70	71	72
73	74	75	76
77	78	79	80

81	82	83	84
85	86	87	88
89	90	91	92
93	94	95	96
97	98	99	100

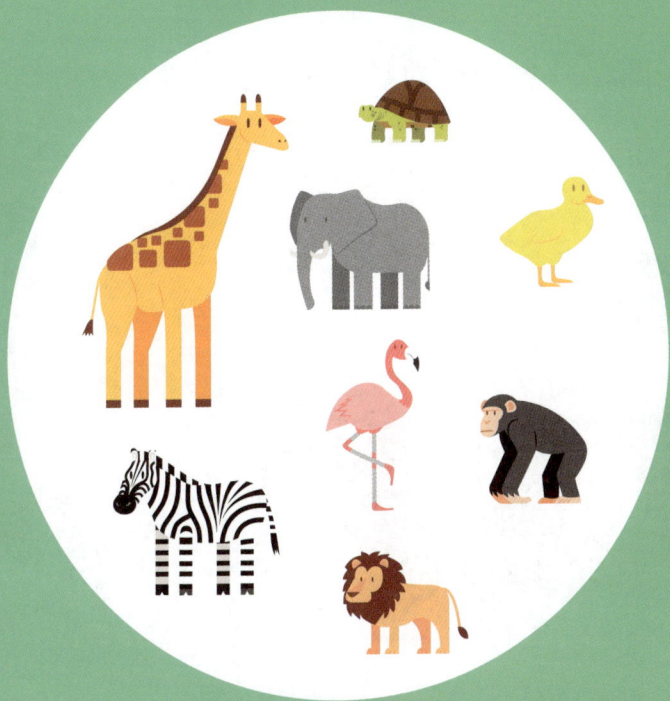

单元三　数一数

▶ 数一数图中有几只动物？

诺亚可以上哪条船呢？为什么？

1.

2.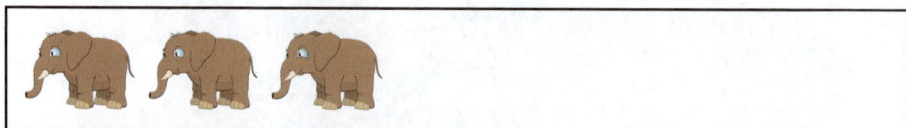

3.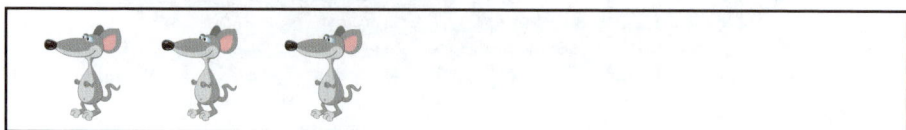

4.

1.

2.

3.

4.

5.

6.

7.

8.

9.

10.

11.

12.

1.

2.

3.

4.

5.

6.

7.

8.

9.

10.

11.

12.

▶ **示范 1**

7777 777	777	333	3333 333
1–1	1–2	1–3	1–4

▶ **示范 2**

7777777	777	333	3333333
2–1	2–2	2–3	2–4

单元三

7777 777	333	333	7777 777
333	333	7777 777	7777 777
7777 777	7777 777	333	333
333	7777 777	333	7777 777
333	7777 777	7777 777	333

333	7777 777	7777 777	333
7777 777	333	7777 777	333
333	7777 777	333	7777 777
7777 777	7777 777	333	333
333	333	7777 777	7777 777

777	**3333 333**	**3333 333**	777
3333 333	777	**3333 333**	777
777	**3333 333**	777	**3333 333**
3333 333	**3333 333**	777	777
777	777	**3333 333**	**3333 333**

3333 333	777	3333 333	777
3333 333	3333 333	777	777
777	3333 333	3333 333	777
777	777	777	3333 333
3333 333	777	3333 333	3333 333

▶ **示范 3**

666666	4444	6666	444444
3–1	3–2	3–3	3–4

▶ **示范 4**

444444	6666	6666	444444
4–1	4–2	4–3	4–4

666666	4444	4444	666666
4444	4444	666666	666666
666666	666666	4444	4444
4444	666666	4444	666666
4444	666666	666666	4444

4444	666666	666666	4444
666666	4444	666666	4444
4444	666666	4444	666666
666666	666666	4444	4444
4444	4444	666666	666666

6666	444444	444444	6666
444444	6666	444444	6666
6666	444444	6666	444444
444444	444444	6666	6666
6666	6666	444444	444444

444444	6666	444444	6666
444444	444444	6666	6666
6666	444444	444444	6666
6666	6666	6666	444444
444444	6666	444444	444444

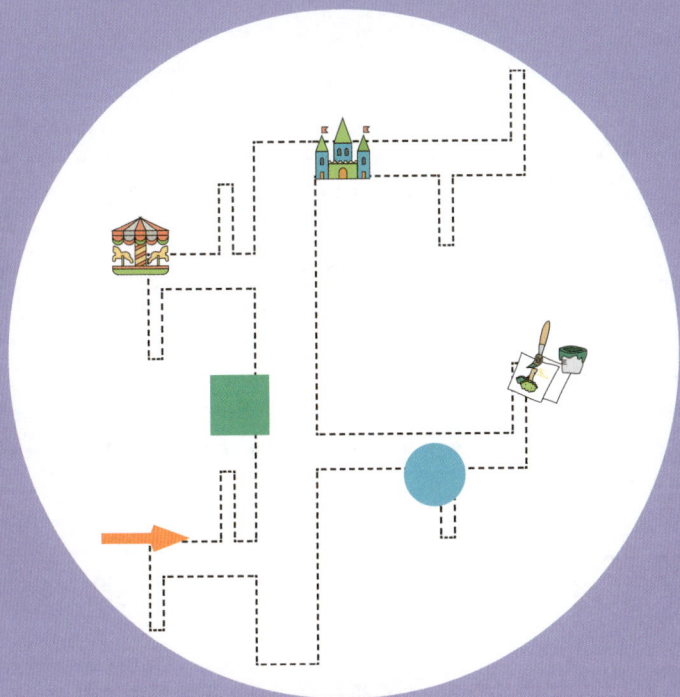

单元四　图形、估算和地图

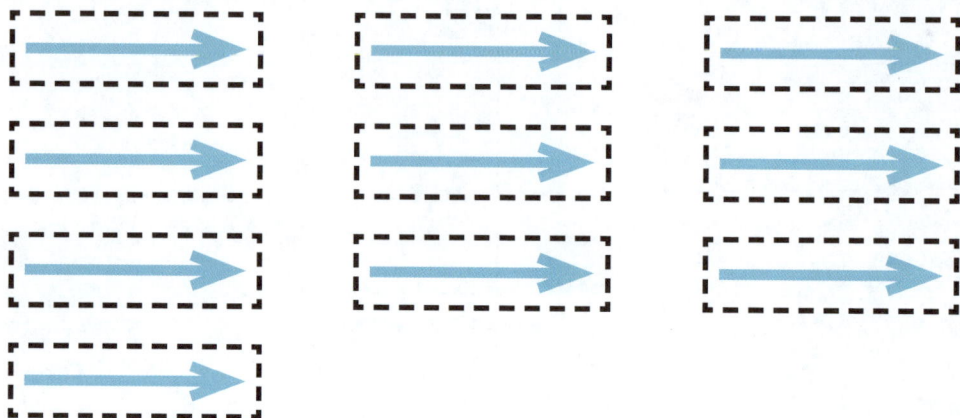

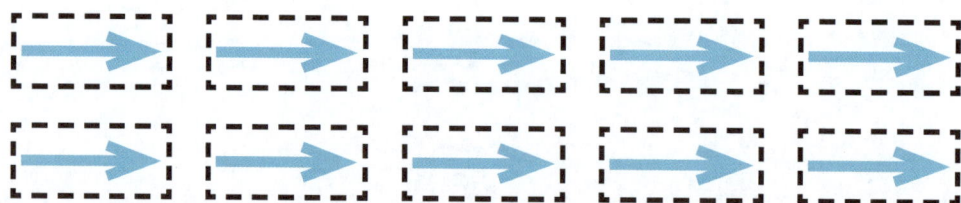

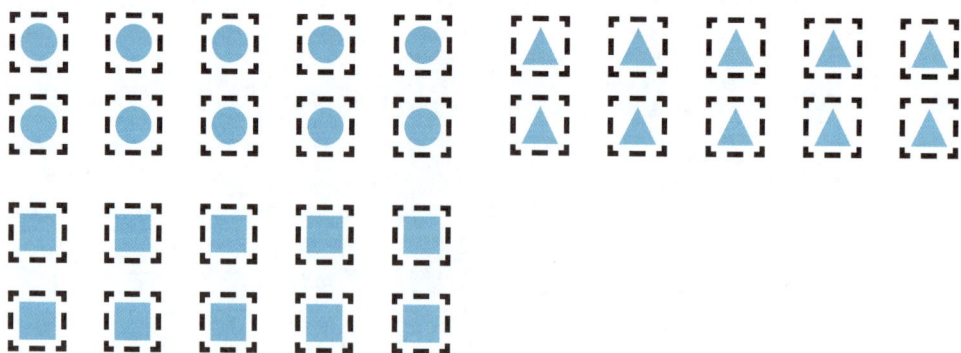

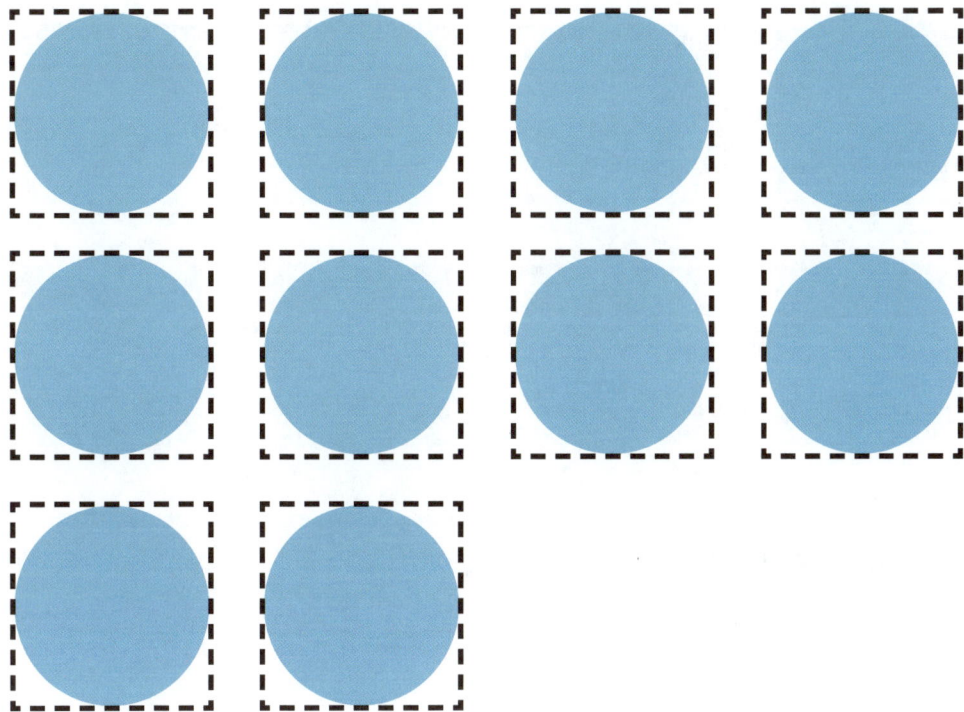

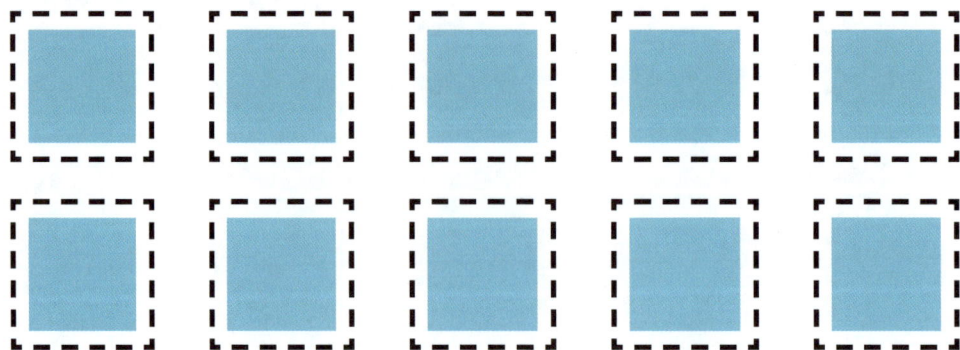

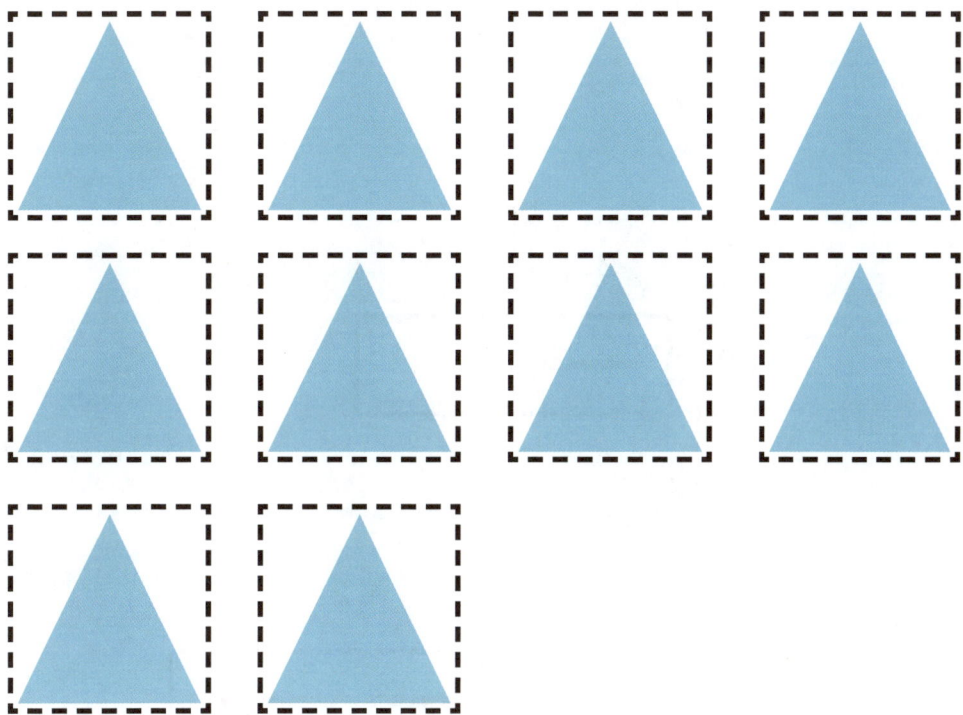

图 1

图 2-1

图 2-2

1

2

3

图 3

图 4-1

图 4-2

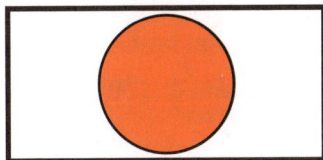

1

2

3

图 4

图 5-1

图 5-2

1

2

3

1　一根长箭头指向一个大圆。

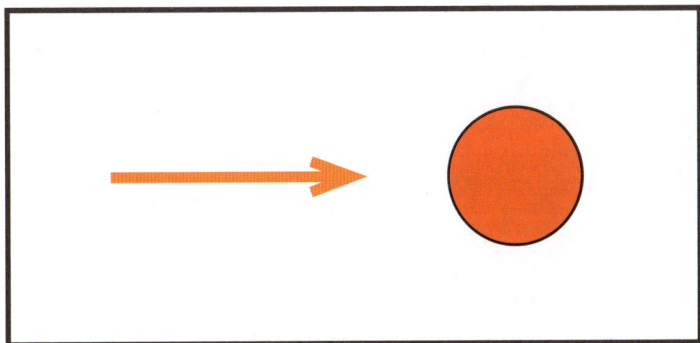

1　一根长箭头指向有一个在大三角形和小三角形中间小方形上面的大圆。

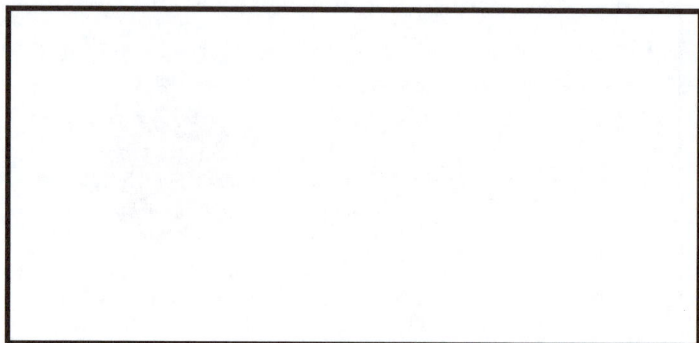

2　有三根小箭头指向在大圆旁边的小方形，那个大圆里面有四个小方形在一个小三角形的上面。

3　一根短箭头右边有一个在一个大三角形和一个小三角形中间的小方形上面的一个小圆。

4　一根长箭头左边有一个在一个大三角形和一个小三角形中间的小方形上面的一个大圆。

5 一根短箭头指向在一个大圆上面的三个小三角形的左边的方形。

6 一根长箭头右边有一个在一个小三角形和一个大三角形中间的大方形上面的大圆。

1　一个大三角形在一个含有三个小圆的大三角形左边的小圆的右边。

2　一个短箭头指向一个大方形，这个大方形在四个小三角形上面大圆的右边。

3 一个小三角形在一个含有三个小圆的大三角形右边的大圆的左边。

4 一个大方形在含有两个小圆的大圆形右边的小三角形的左边。

5　一个大圆在一个含有四个小圆的大三角形右边的小圆的左边。

6　一个小方形在一个含有四个小三角形的大圆形右边小方形的右边。

1 一根短箭头指向三个小三角形右边的小菱形。

2 一根短箭头指向三个小三角形右边大方形下面的大圆。

3 一根长箭头指向在一个小三角形和一个大三角形中间大方形上面的小圆。

4 四根短箭头指向一个含有三个小方形的大圆形下面的小方形。

5　两根长箭头指向一个含有四个小方形的大三角形右边小三角形上面的小方形。

6　三根短箭头指向一个含有一个小方形的大圆的左边大三角形下面的小三角形。

1   一个大方形在含有三个小圆的大三角形和含有三个小三角形
        的大圆中间。

2   一个大圆在含有四个小圆的大三角形和含有四个小三角形的
        大方形中间。

3　　一个大三角形在一个含有三个小圆的大三角形右边的小圆的右边。

4　　一根短箭头指向含有一个小三角形上面有三个小方形的大圆左边的小方形。

5　一个大方形在含有三个小圆的大三角形和含有四个小三角形的大圆中间。

6　一个大方形在含有四个小方形的大圆和含有三个小三角形的大圆中间。

图形、估算和地图

▶ **示范 1−1**

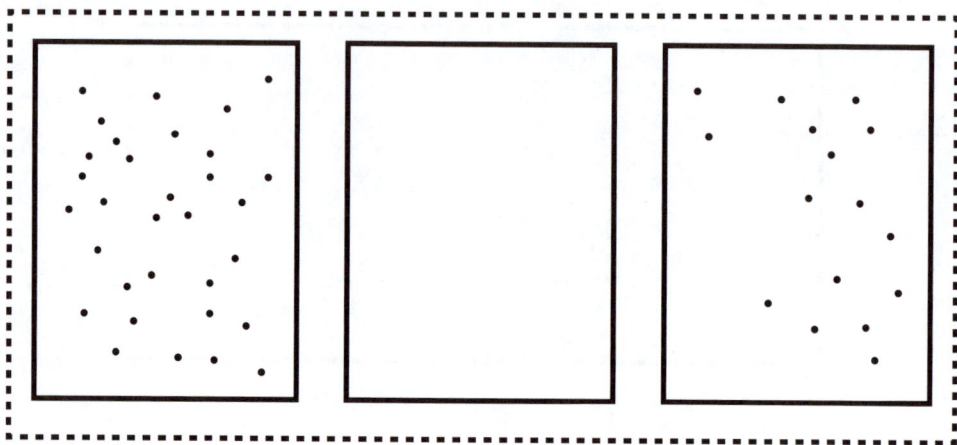

▶ **示范 1−2**

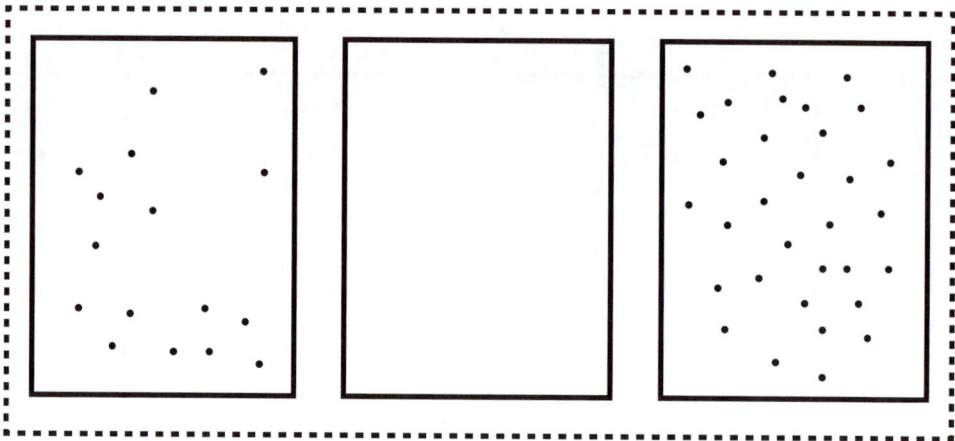

▶ **示范 2–1**

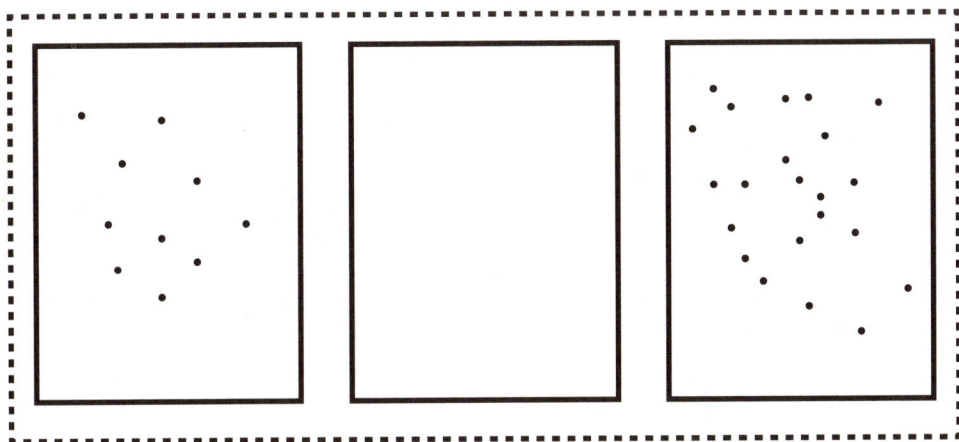

▶ **示范 2–2**

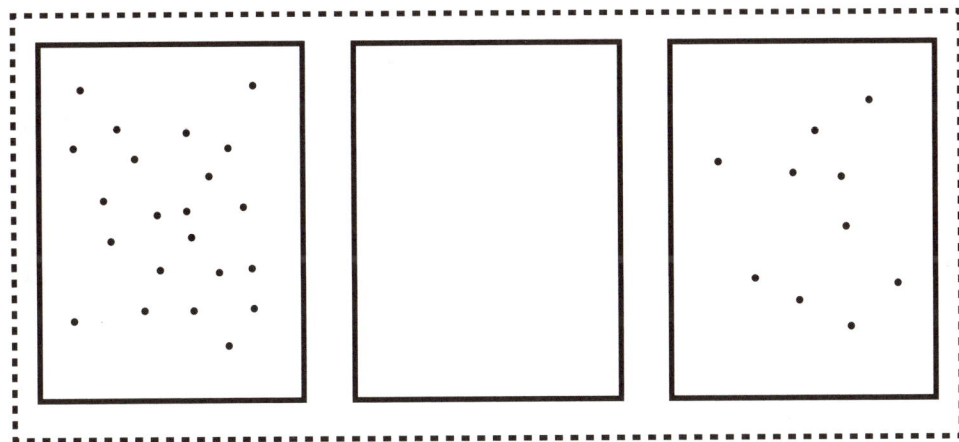

▶ 示范 3-1

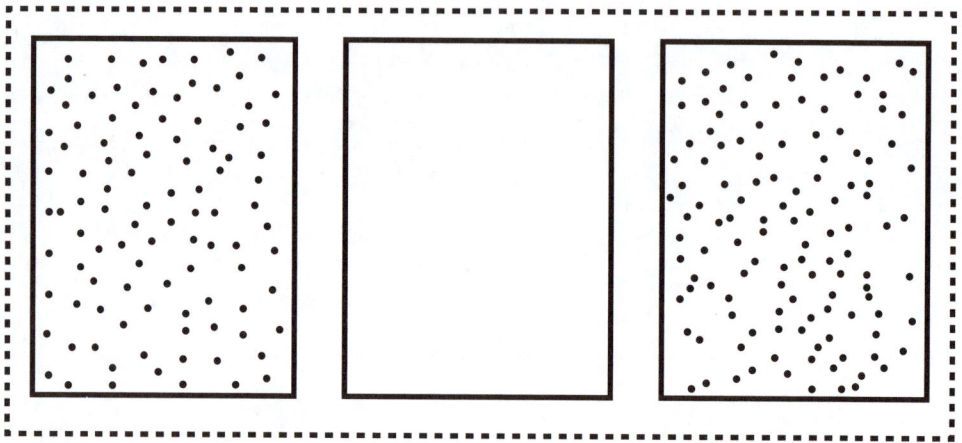

▶ 示范 3-2

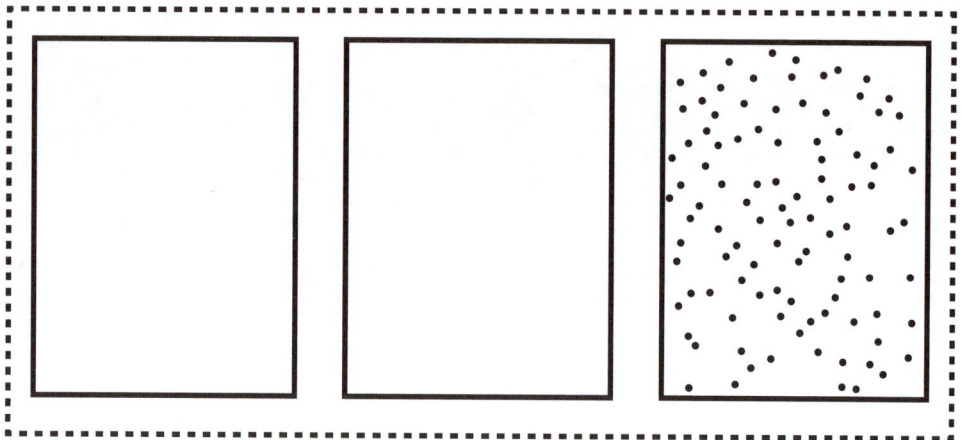

▶ **1–1**

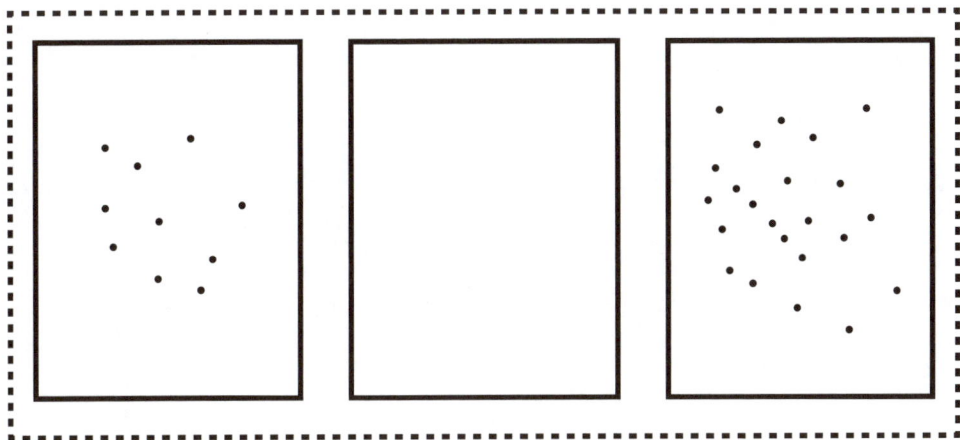

▶ **1–2**

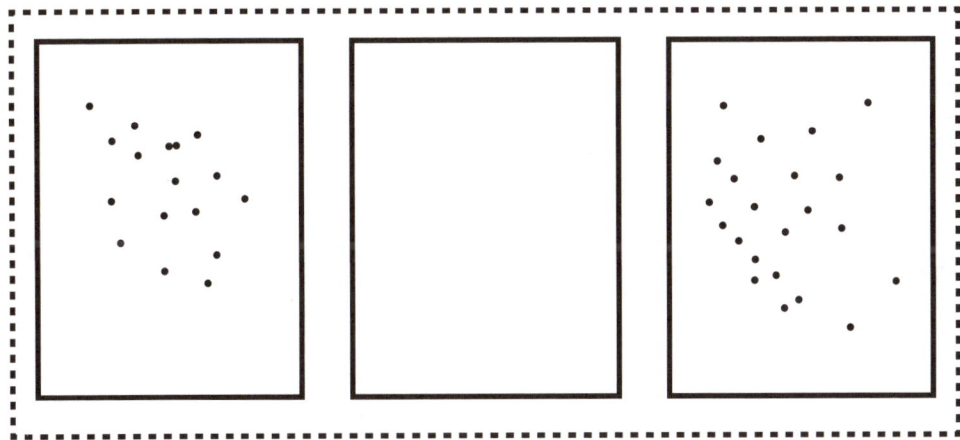

▶ **1–3**

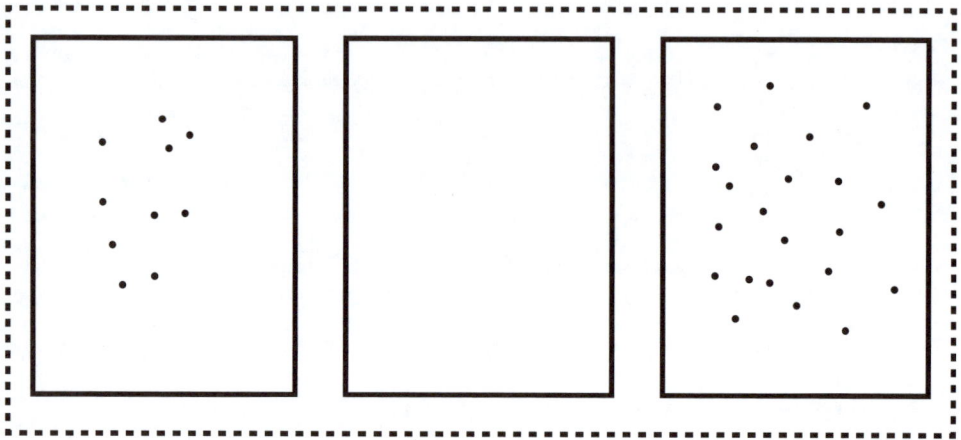

▶ **1–4**

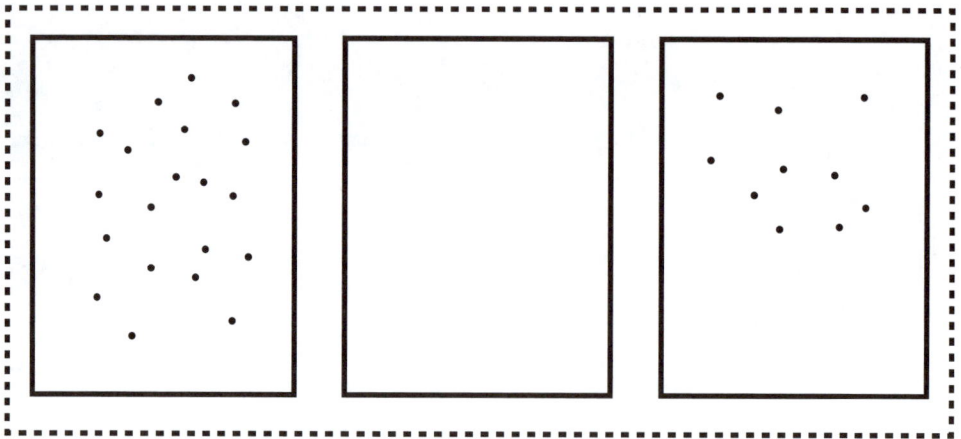

▶ **1–5**

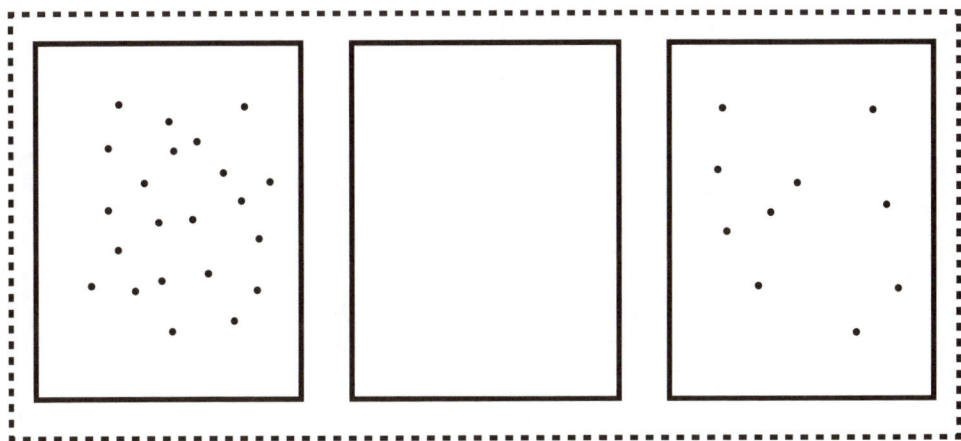

▶ **1–6**

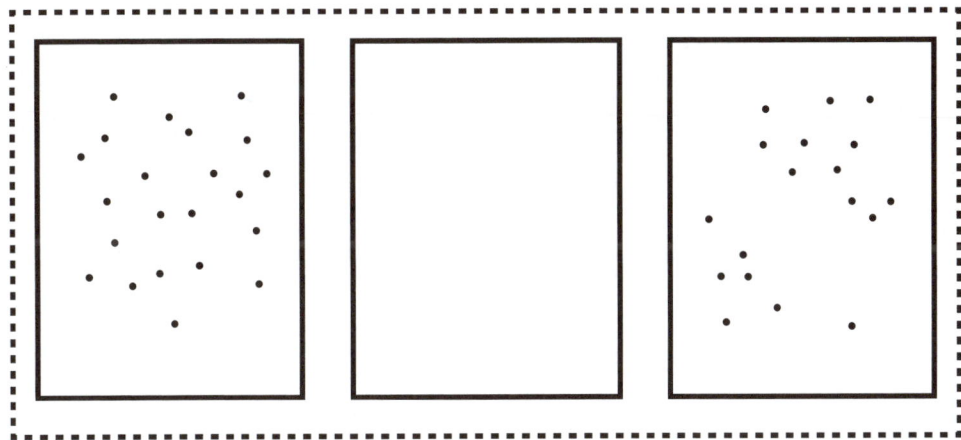

▸ **1–7**

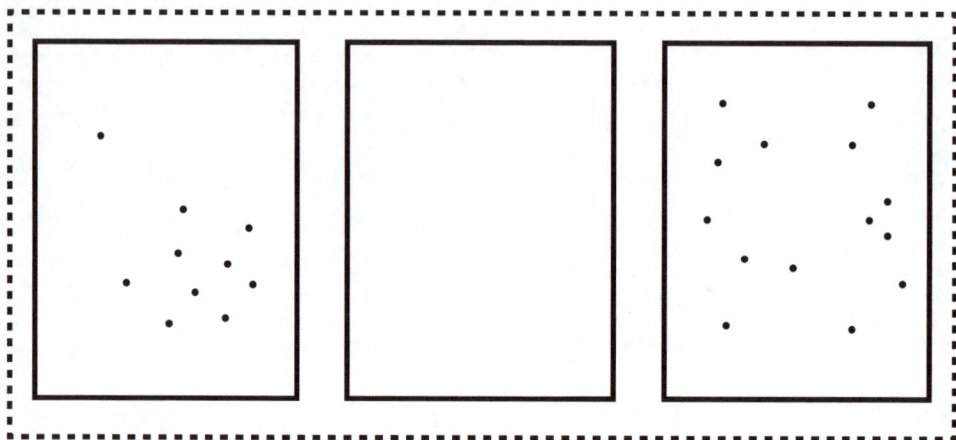

▸ **1–8**

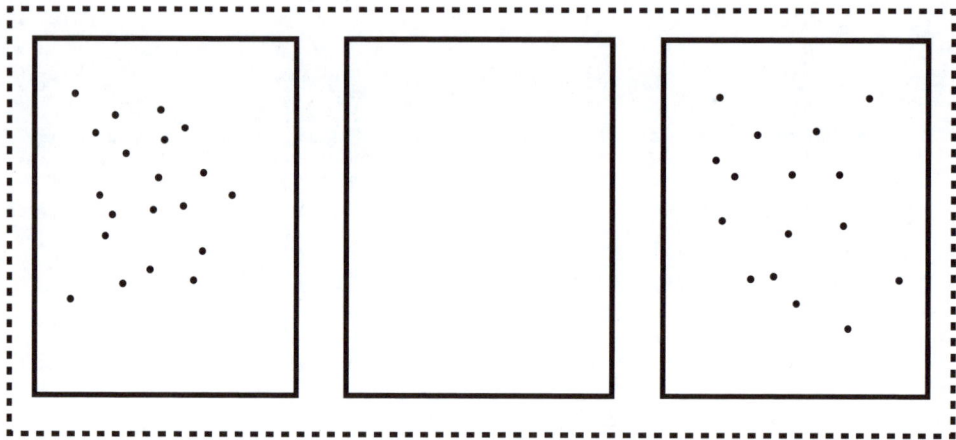

▶ **1–9**

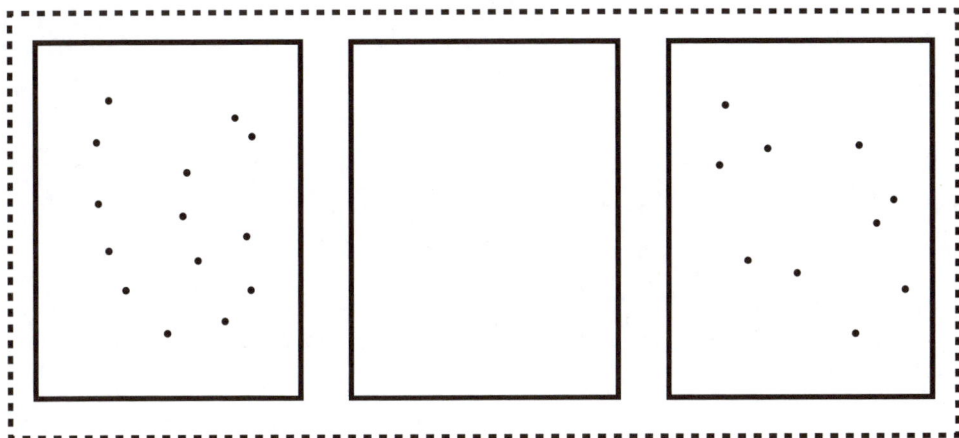

▶ **1–10**

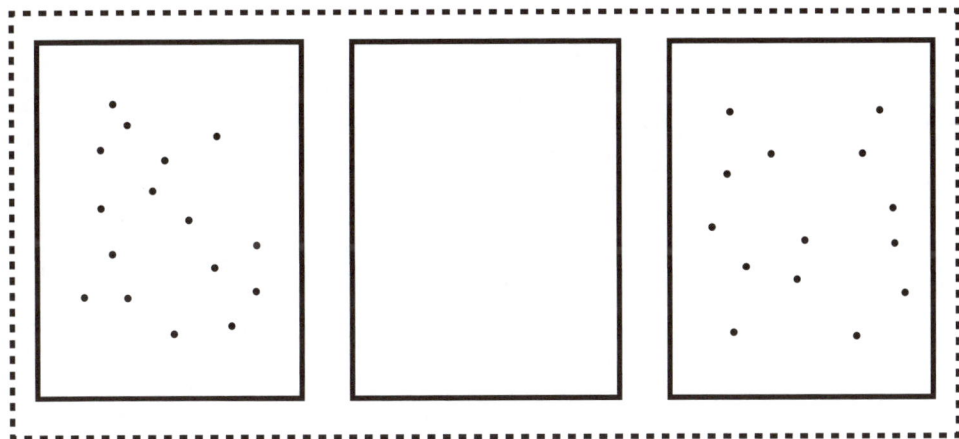

▸ **1–11**

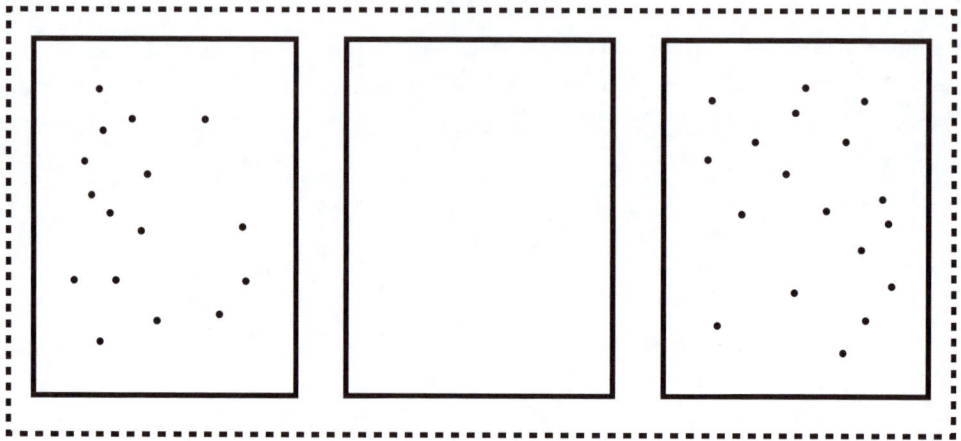

▸ **1–12**

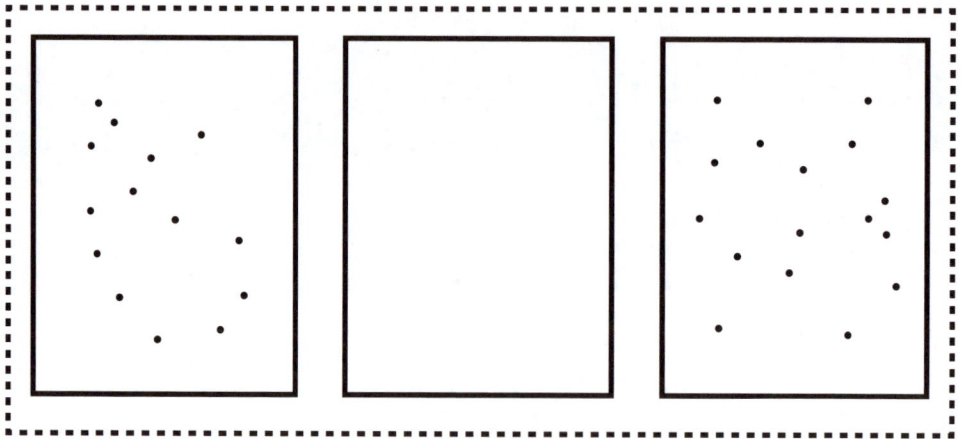

▶ **1–13**

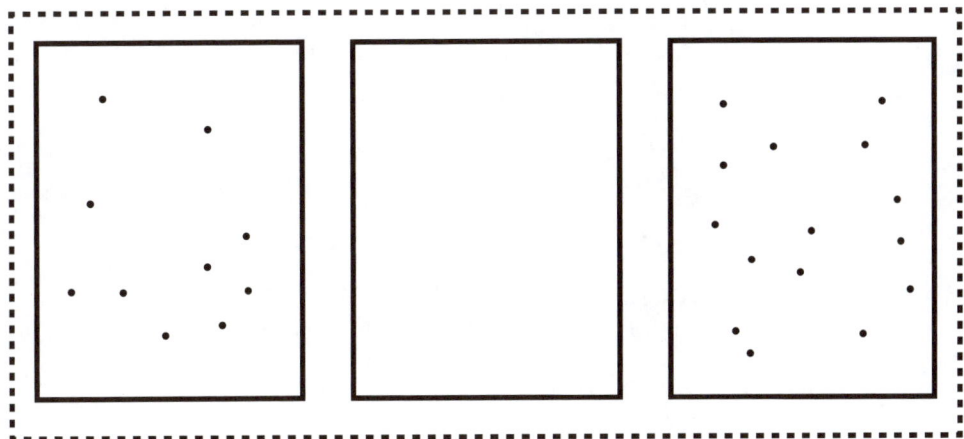

▶ **1–14**

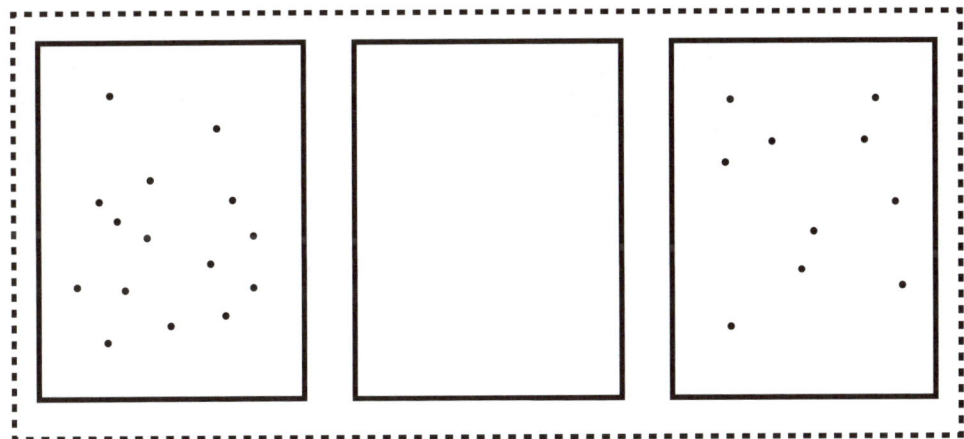

▶ **1–15**

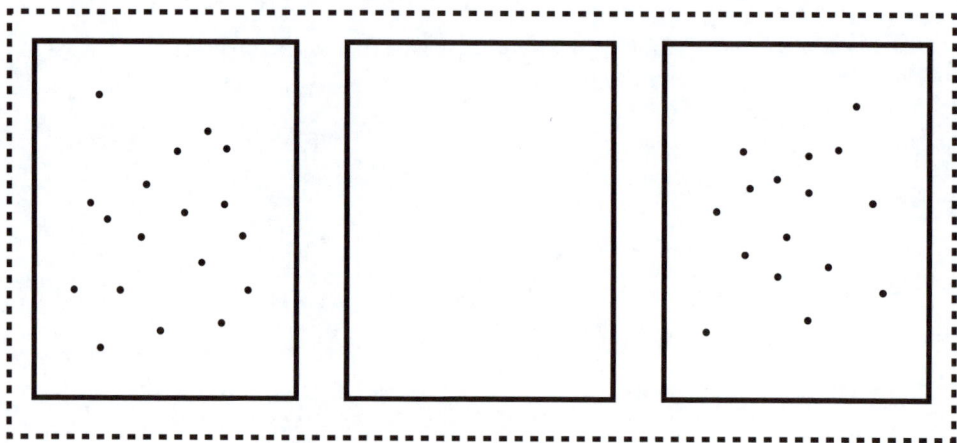

▶ **1–16**

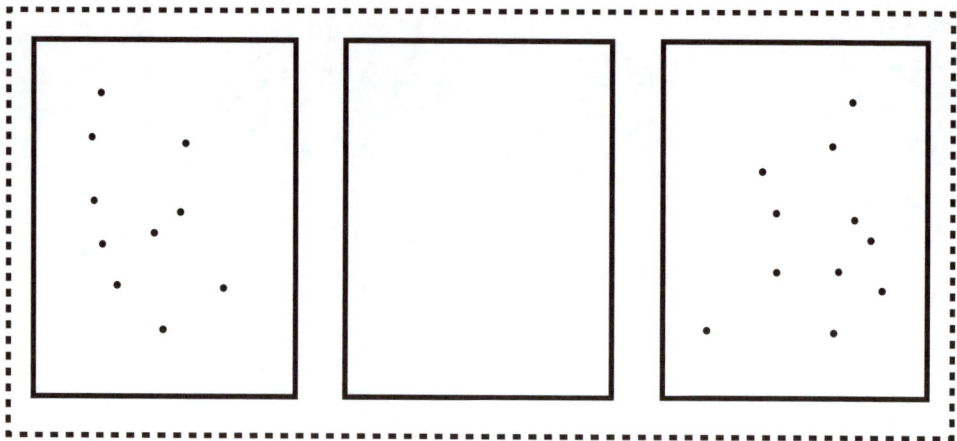

▶ **1–17**

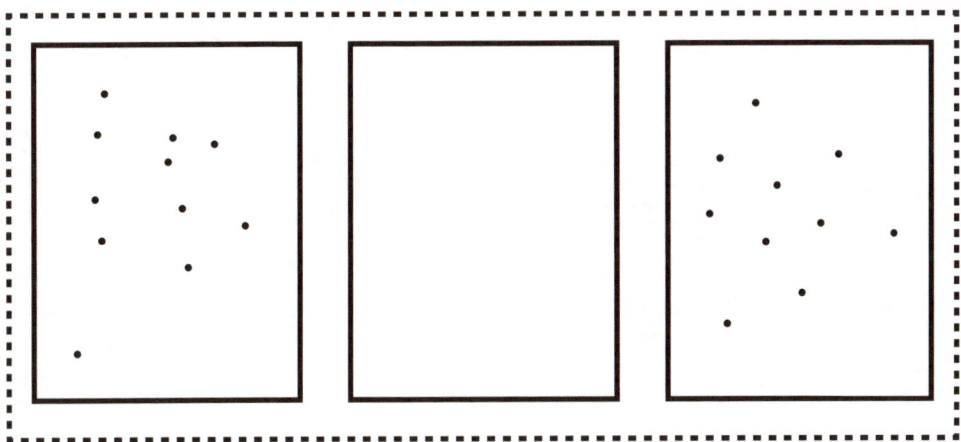

▶ **1–18**

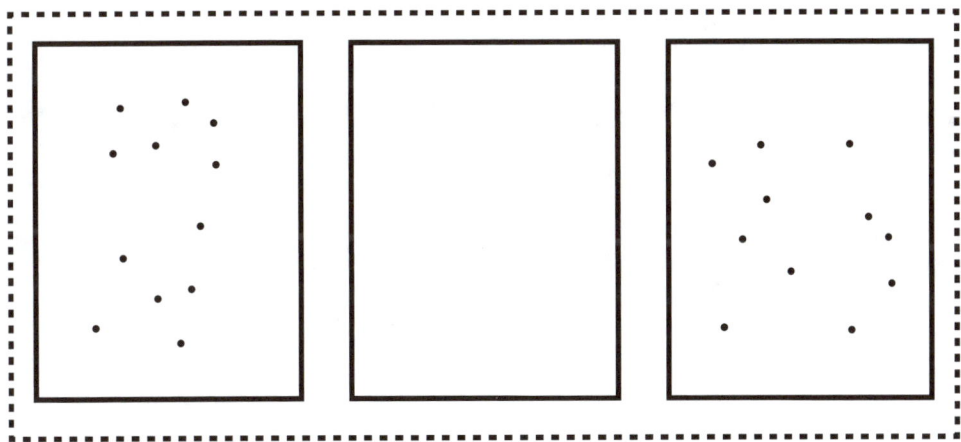

▸ **1–19**

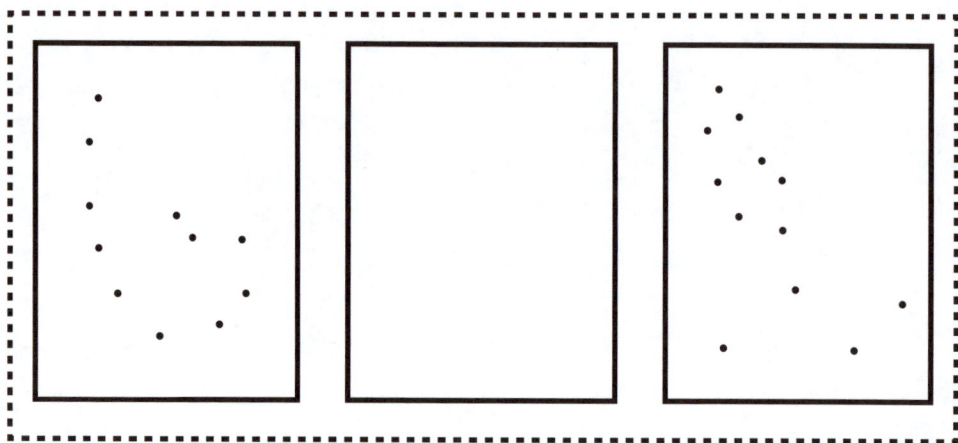

▸ **1–20**

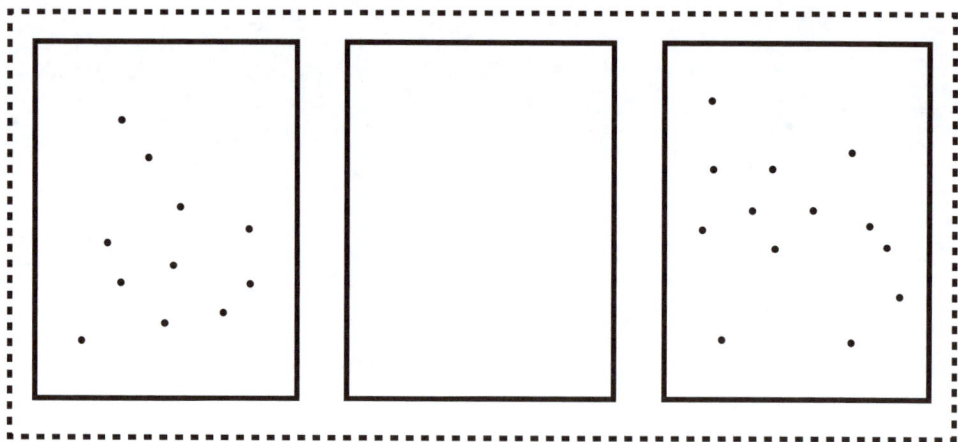

▶ **1–21**

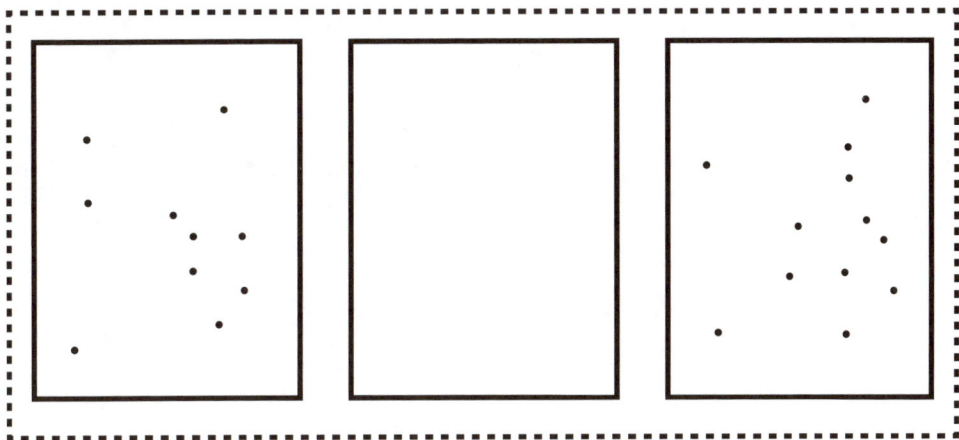

▶ **1–22**

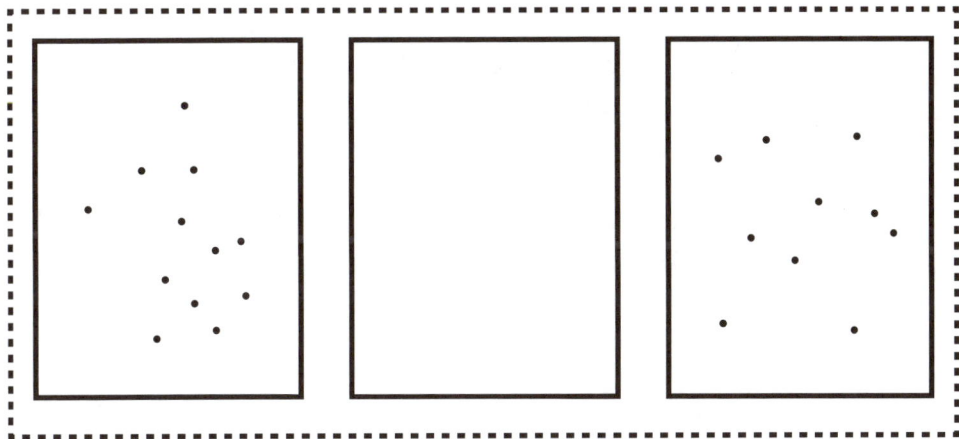

▶ **1–23**

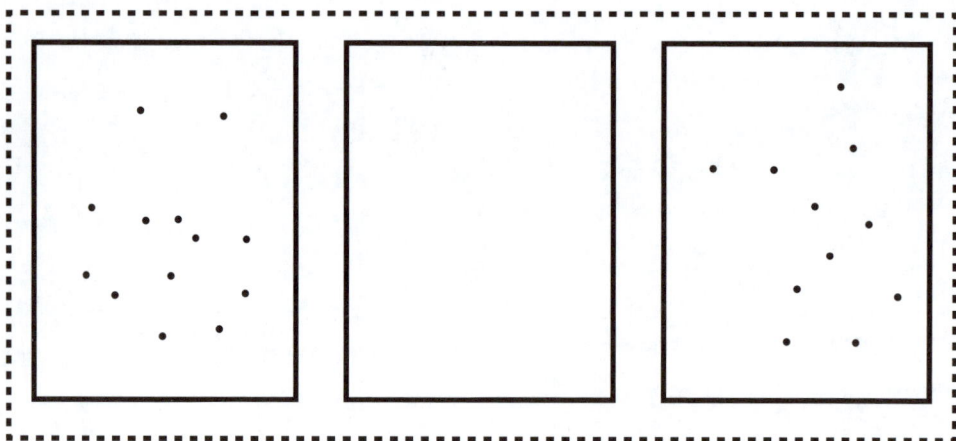

▶ **2-1**

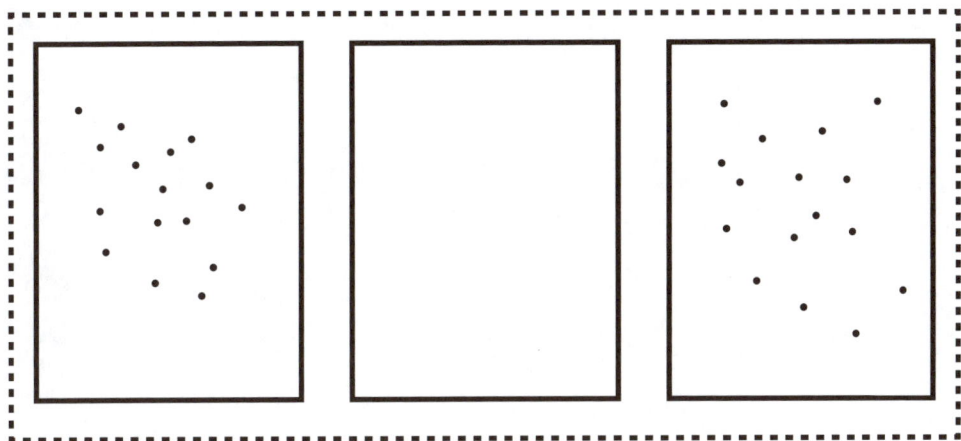

▶ **2-2**

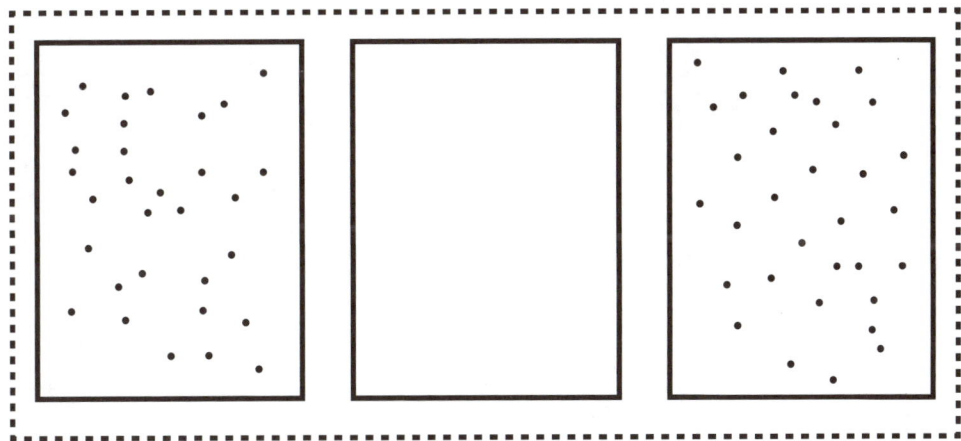

▸ **2–3**

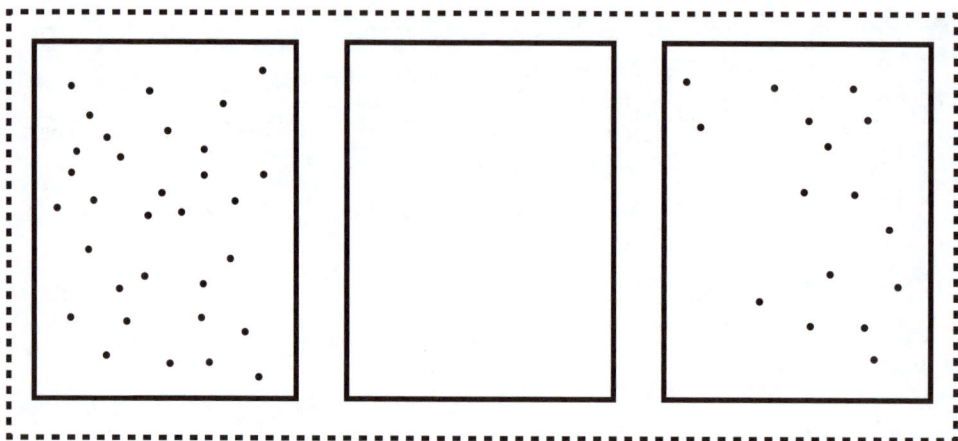

▸ **2–4**

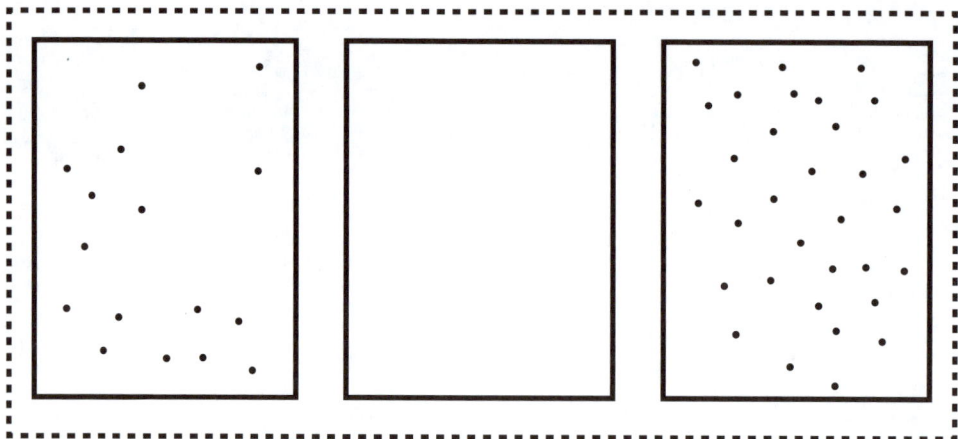

▶ **2–5**

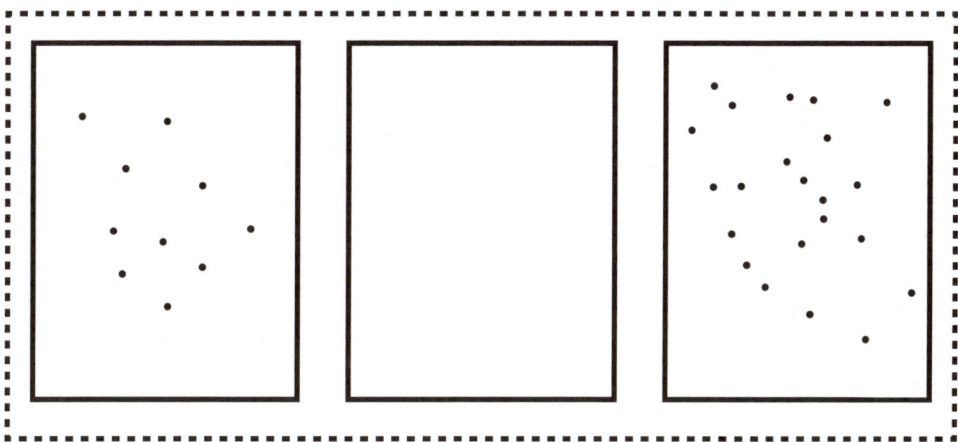

▶ **2–6**

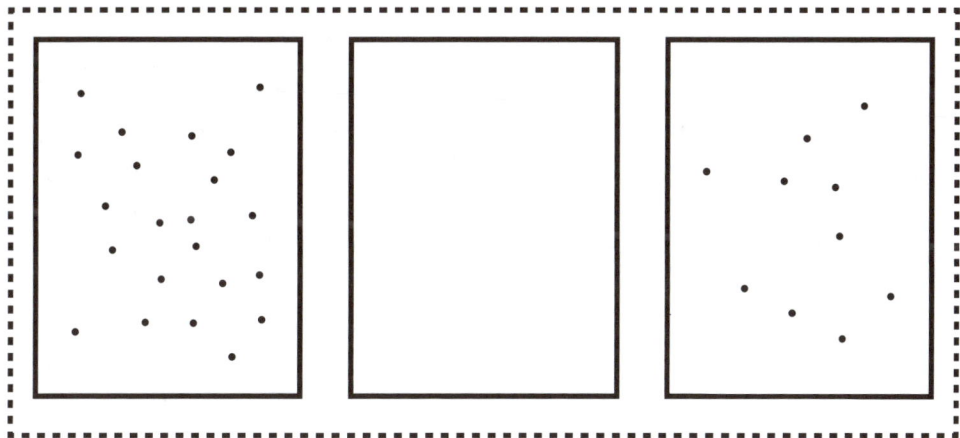

▶ **2-7**

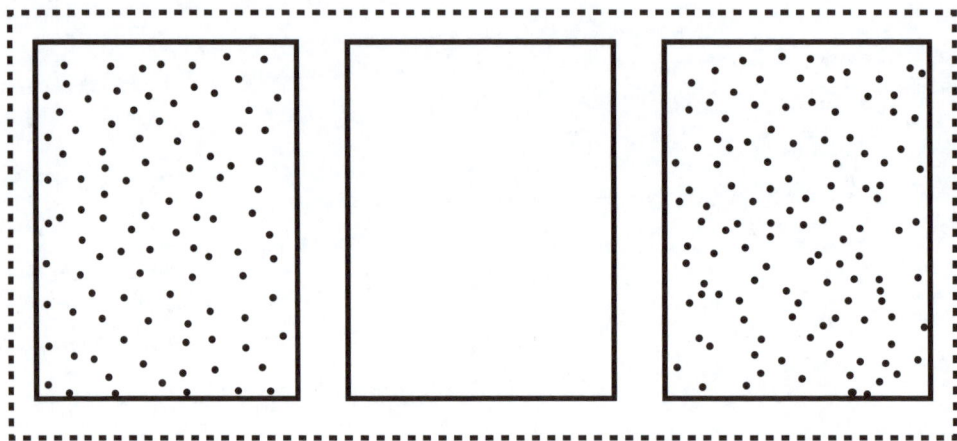

▶ **2-8**

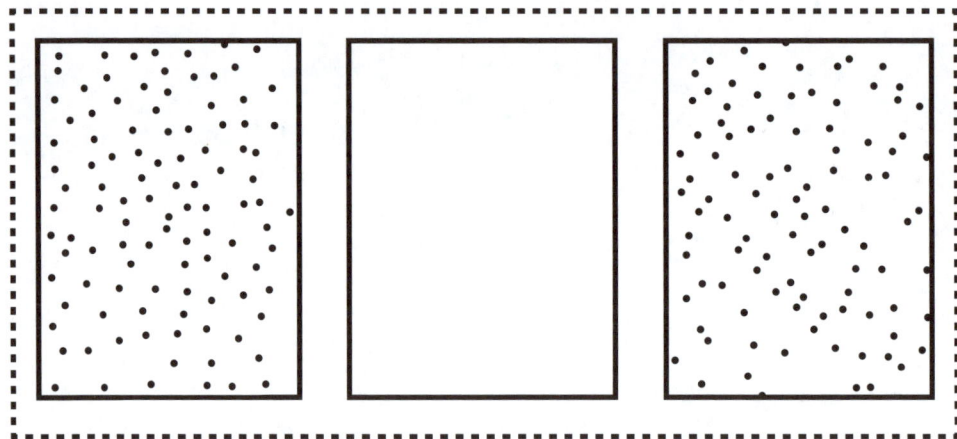

▶ **2–9**

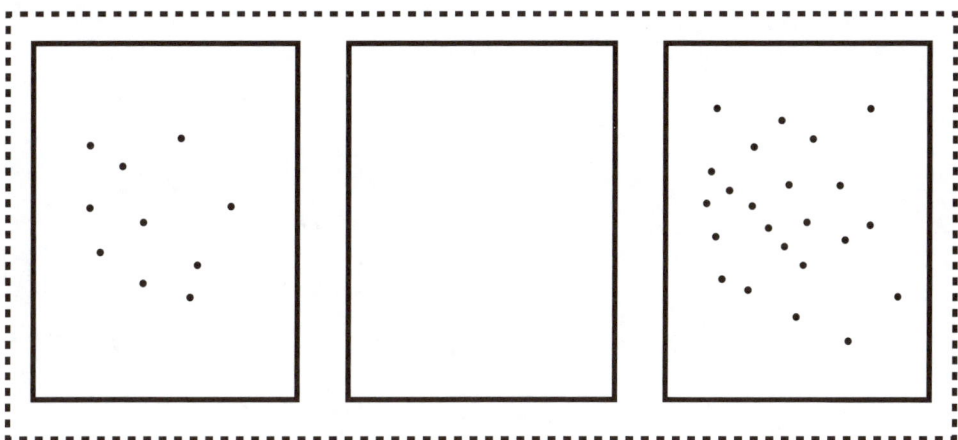

▶ **2–10**

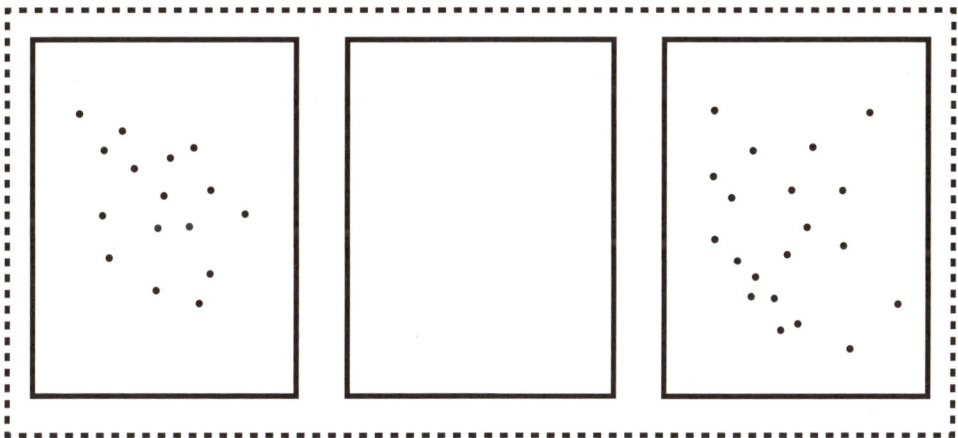

▶ **2–11**

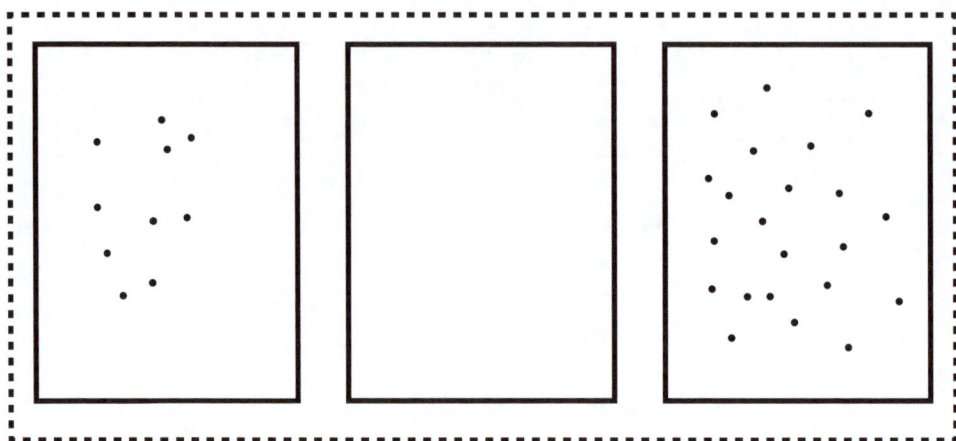

▶ **2–12**

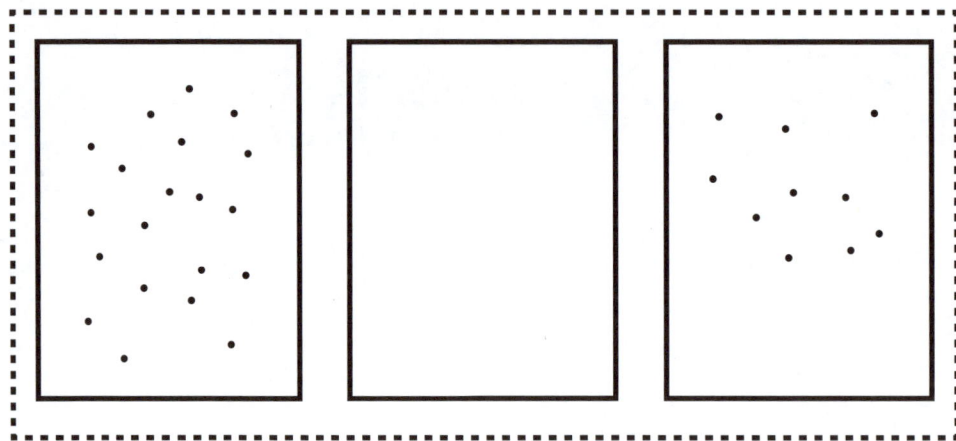

▶ 2–13

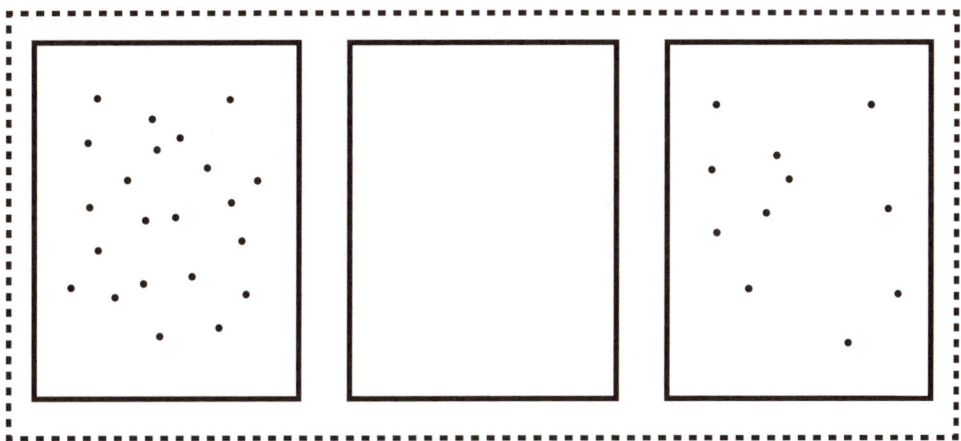

▶ 2–14

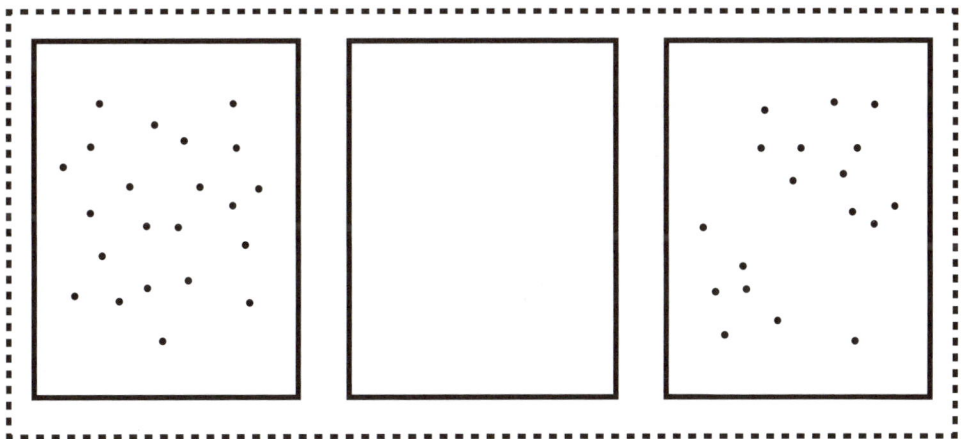

▶ **2–15**

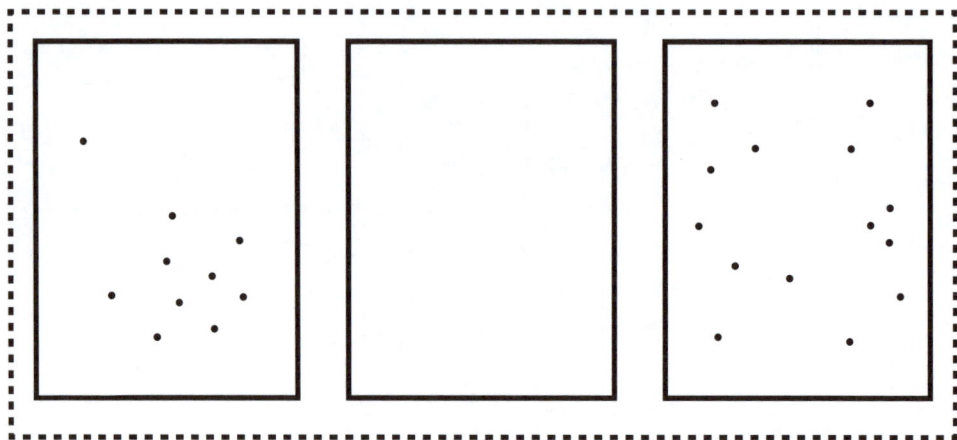

▶ **2–16**

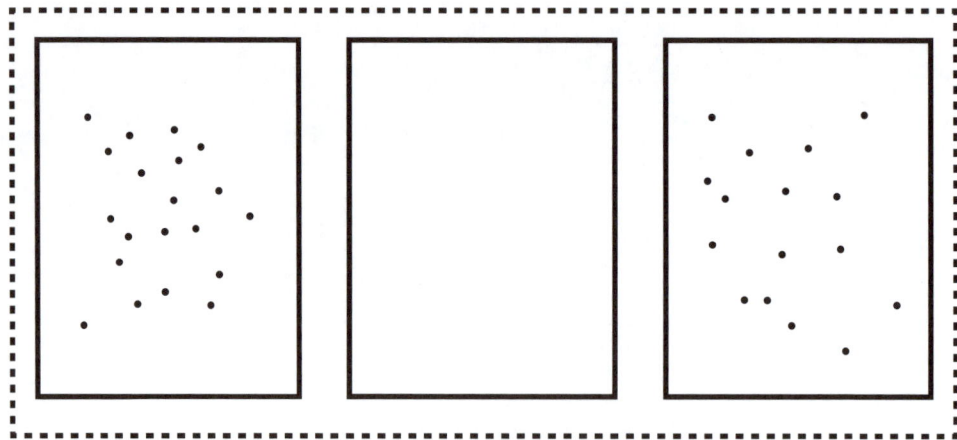

▶ **2–17**

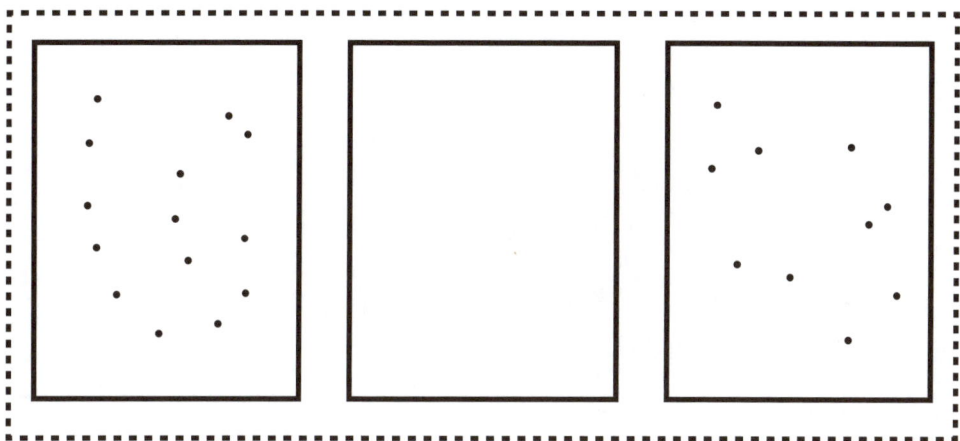

▶ **2–18**

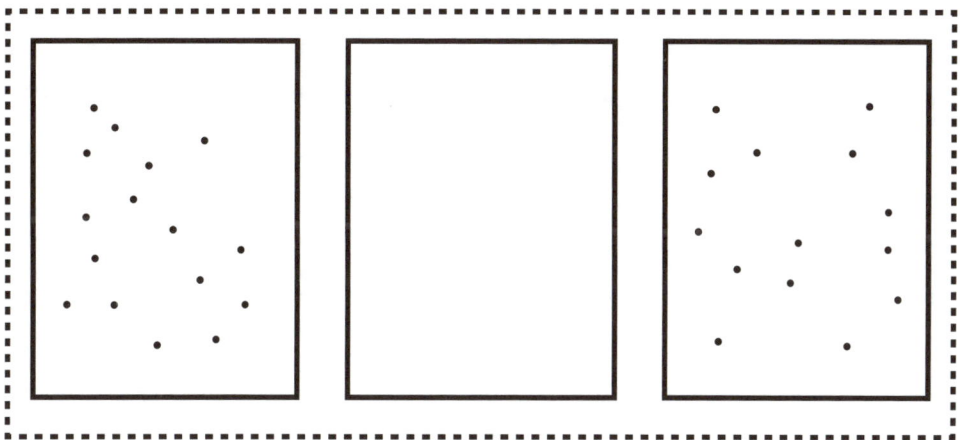

▶ **2–19**

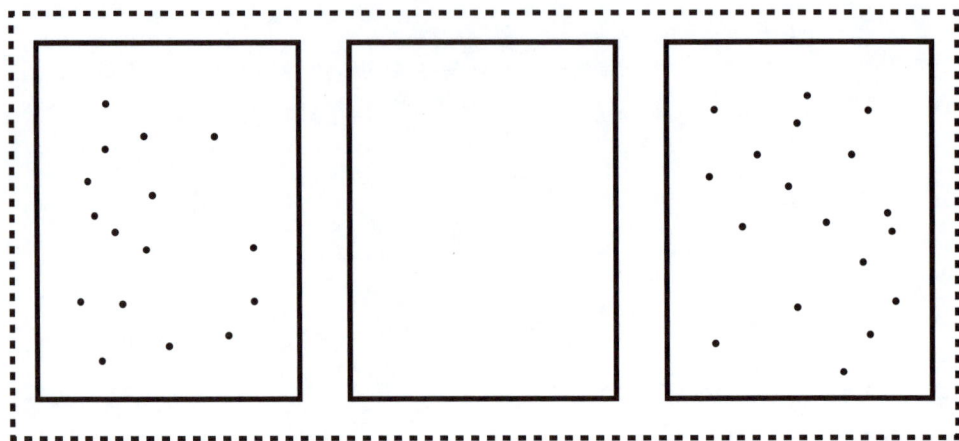

▶ **2–20**

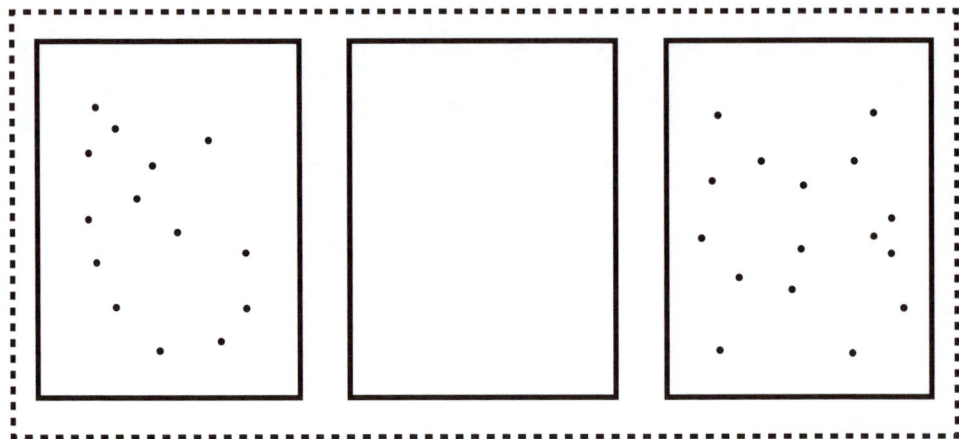

▶ **2–21**

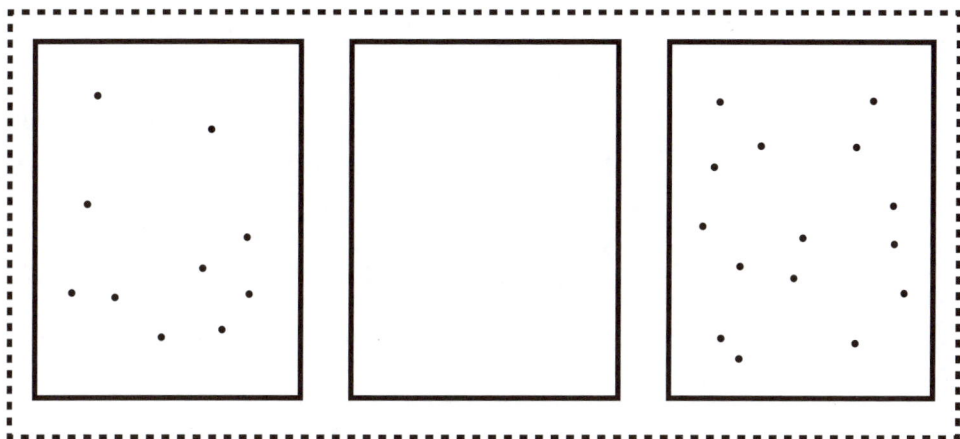

▶ **2–22**

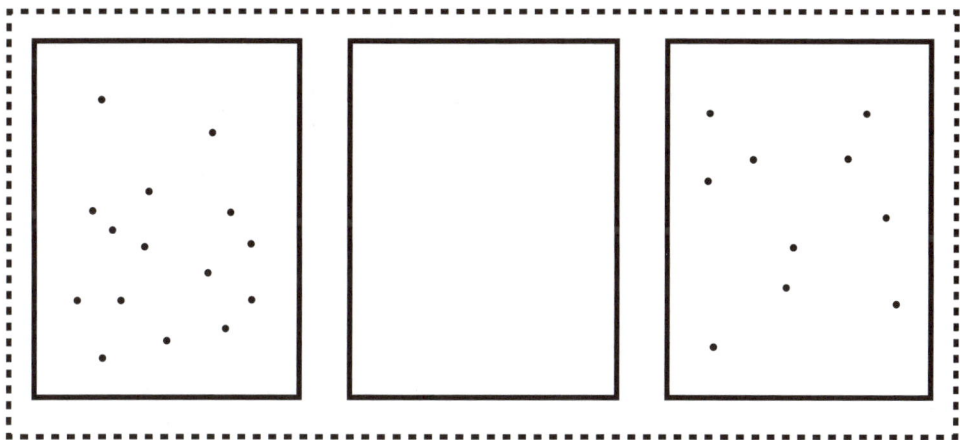

▸ 2-23

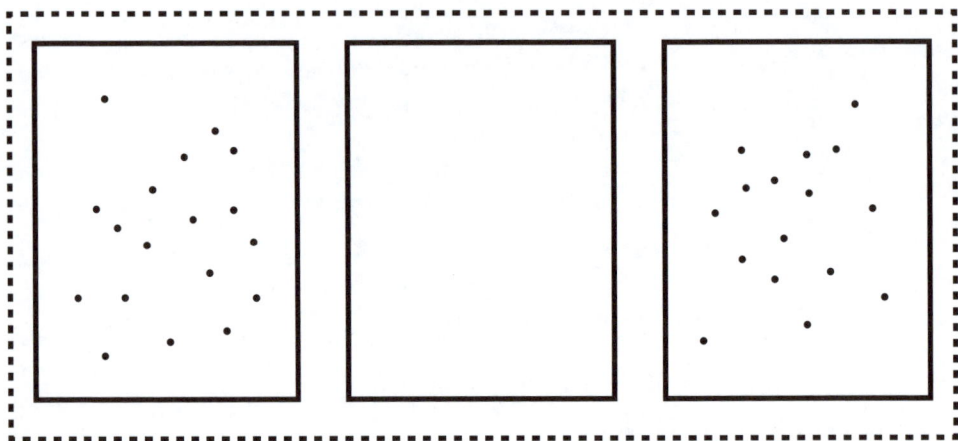

▸ 2-24

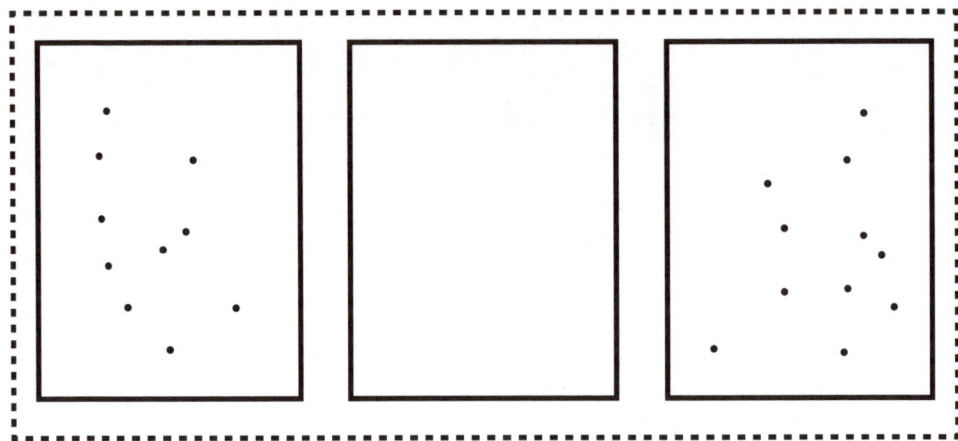

▶ **2–25**

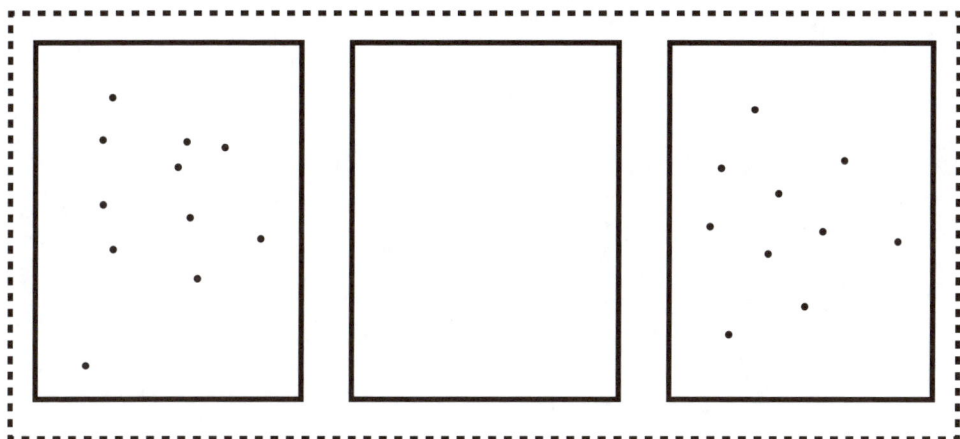

▶ **2–26**

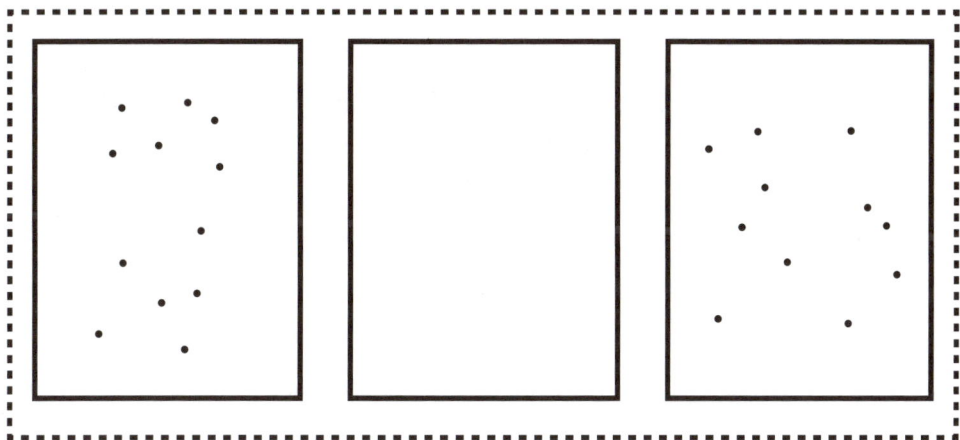

▶ **2–27**

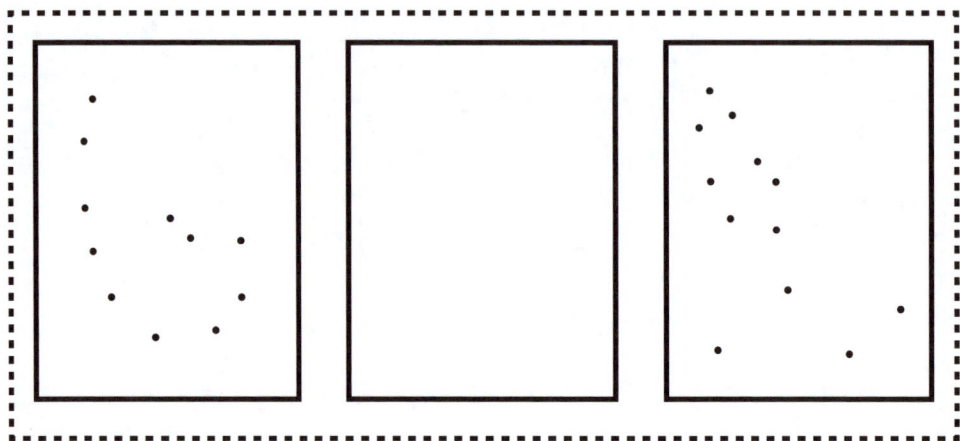

▶ **2–28**

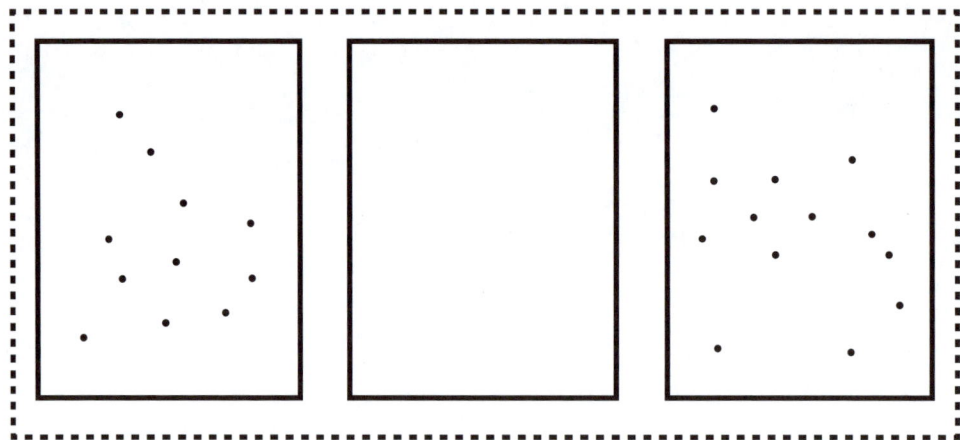

▶ **2-29**

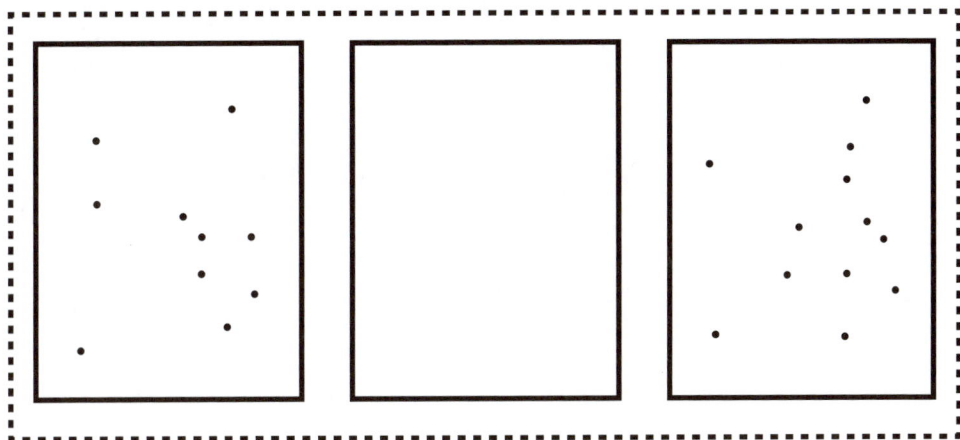

▶ **2-30**

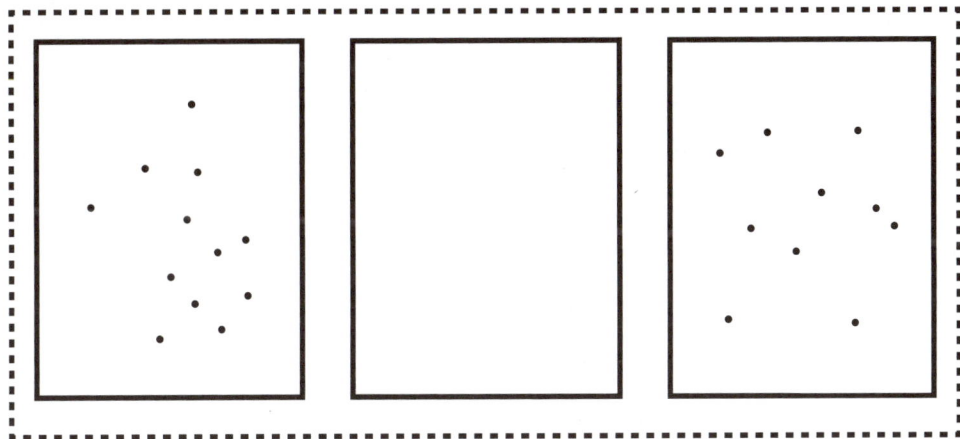

▸ **2–31**

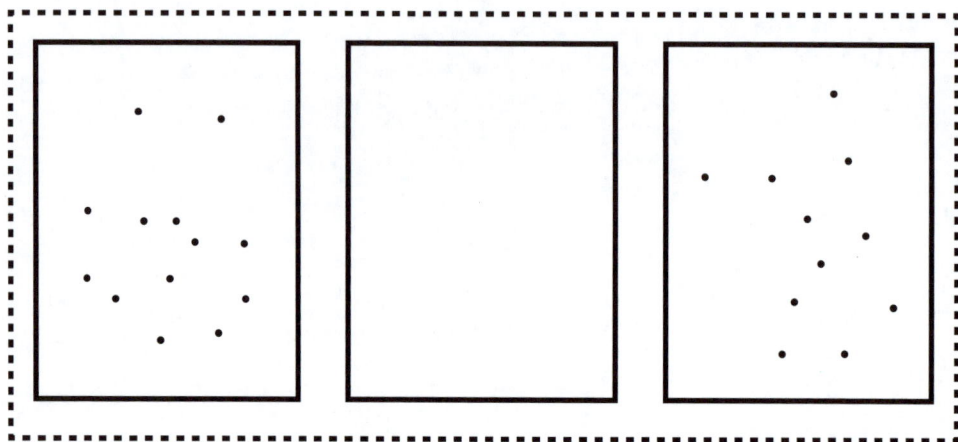

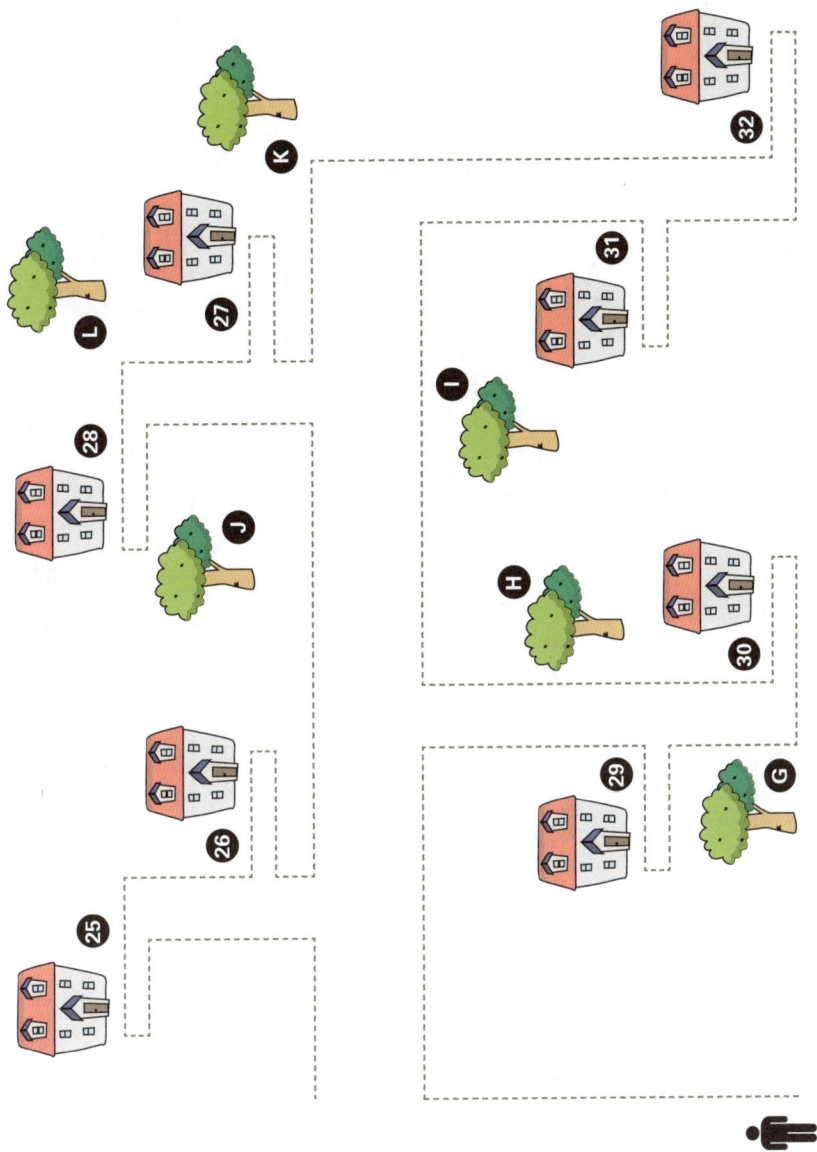

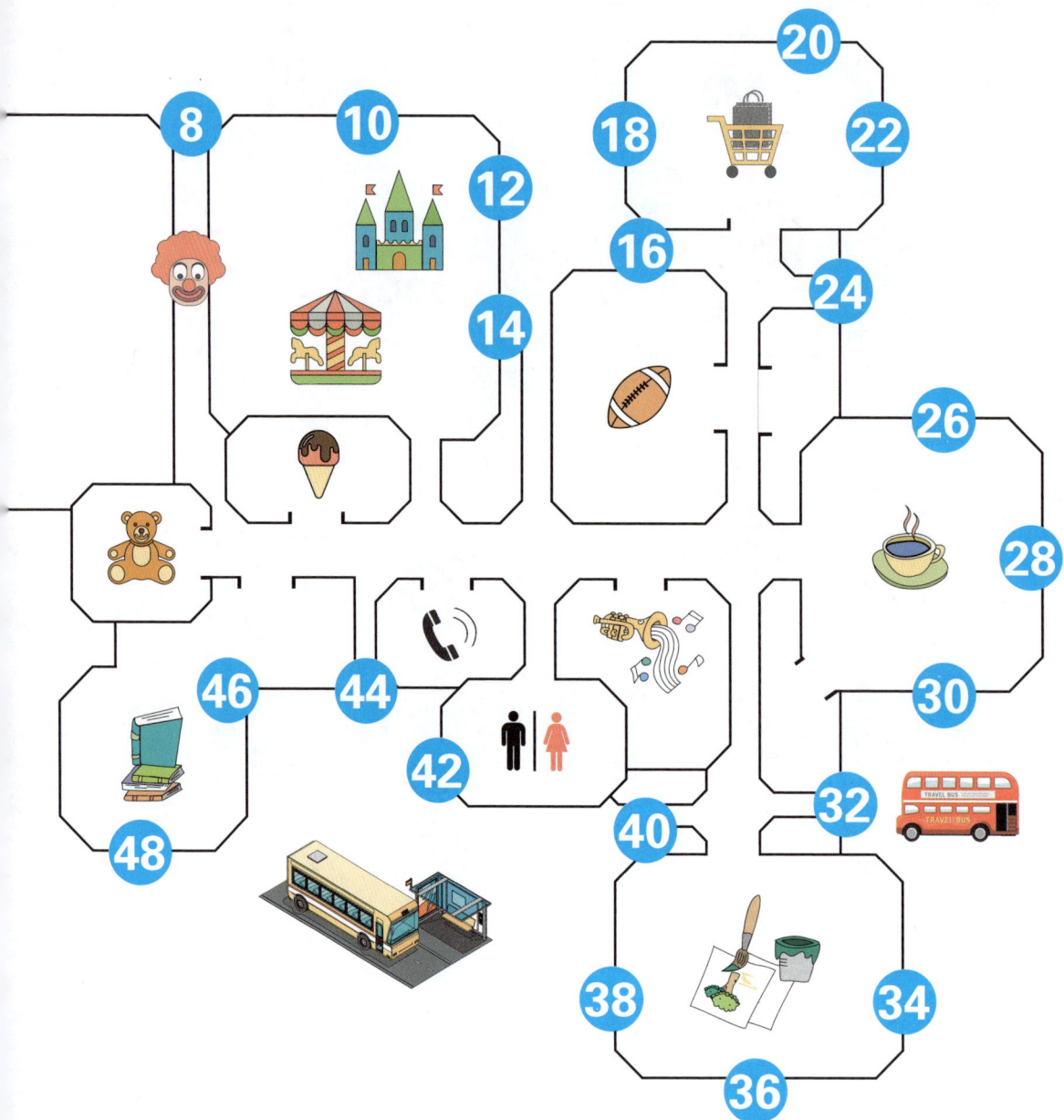

8 10 12 14

20 18 22 16 24

26 28

46 44 42 40 30

48 32 34

38 36

单元五　数字记忆广度

　　此部分训练，无须借肋任何工具，听指导者指令，纯粹凭大脑记忆即可。

4	1	7

9 4 5

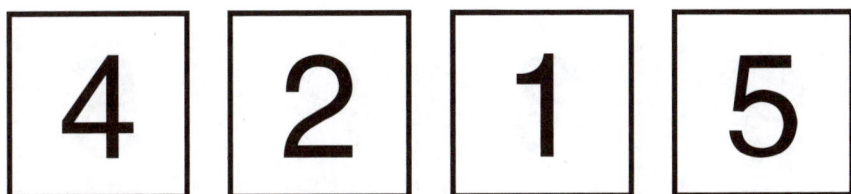

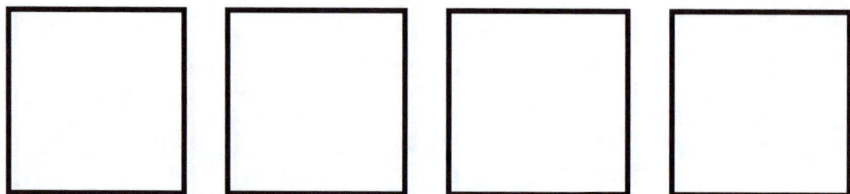

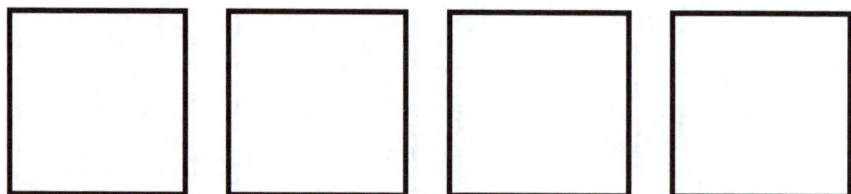

| 8 | 4 | 9 | 5 | 3 |

| | | | | |

↑

| 5 | 2 | 7 | 9 | 4 |

| | | | | |

↑

单元五

9

1

7

3

2

6

2

4

7

1

3

5

5

7

1

3

6

2

2

6

7

1

9

4

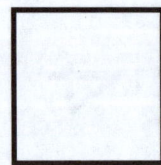

3 1 7 4 9 5 2

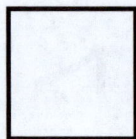

5 4 6 2 3 9 7

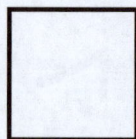

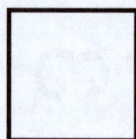

4 2 1 5 9 6 7

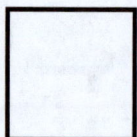
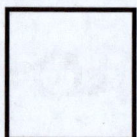
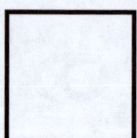
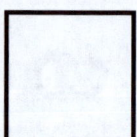
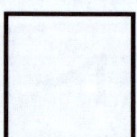

4 8 5 2 6 7 3

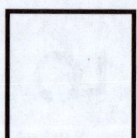

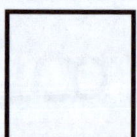

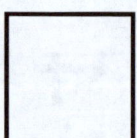

9 4 7 2 5 8 1 3

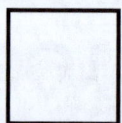

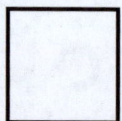

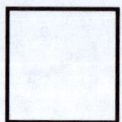

⇨

9 4 1 6 7 8 5 2

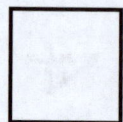

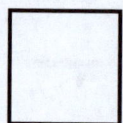

4 7 2 1 9 6 8 3

数字侦察任务

4 1 3 7 9 2 5 6

9

1

5

3

2

8

2

2

4

1

9

3

5

4

5

6

2

3

9

2

6

5

6

7

1

9

4

1

3

9

7

4

8

5

2

7

1
9
3
2
7
4
5

6

数字侦察任务

| 3 |
| 9 |
| 1 |
| 5 |
| 8 |
| 6 |
| 7 |

6

3 7 6 2 5 4 8

5

8 1 3 5 2 7 4 9

1

7 1 4 3 9 3 6 2

4

8 3 6 9 1 2 7 4

8

4 1 2 7 3 8 5 6

3

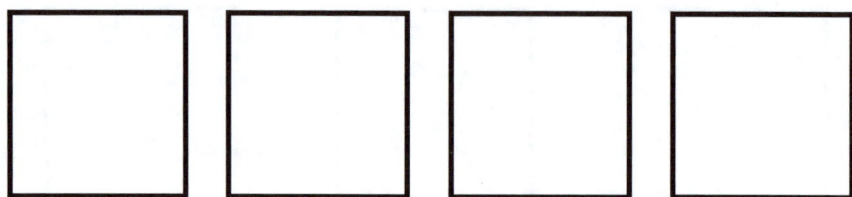

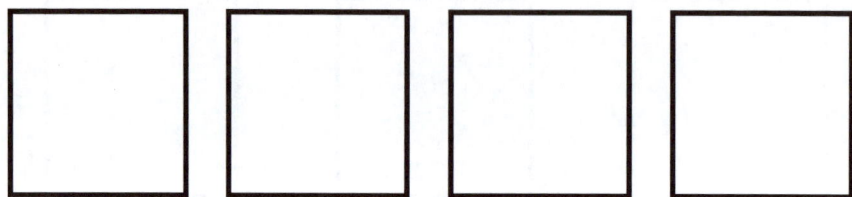